会展工程与材料

史建海　编著

2 第二版
EDITION

化学工业出版社
·北京·

本书按照会展工程专业的教学要求及会展行业应用的规范要求编写，从会展工程设计所经常采用的材料中归纳整理出典型的会展工程材料的类别、性质及应用范围等知识点。主要内容包括会展工程设计、会展工程材料概述、会展工程木质材料、会展工程塑料材料、会展工程金属材料、会展工程玻璃材料、会展工程纤维织品材料、会展工程装饰涂料、会展工程胶凝材料、会展工程电料及灯具材料、会展工程中的现代多媒体影音设备、会展工程广告美工材料、会展工程的预算及会展工程报价项目参考等章节内容，使读者系统全面地了解会展工程中材料的种类、性能及运用方法，以便于会展专业的从业者在工程设计与施工中正确定位，恰当选择与使用。

本书注重实用性，与行业应用密切结合，图文并茂、直观易懂，可以作为高等院校展示设计、会展策划与管理等相关专业的教学用书，也可以供从事会展设计、会展策划、会展工程施工及项目管理等工作的专业技术人员参考。

图书在版编目（CIP）数据

会展工程与材料/史建海编著. —2版. —北京：化学工业出版社，2016.9（2023.9重印）

ISBN 978-7-122-27640-7

Ⅰ.①会… Ⅱ.①史… Ⅲ.①展览会-工程材料 Ⅳ.①TB3

中国版本图书馆CIP数据核字（2016）第165164号

责任编辑：李彦玲　　装帧设计：王晓宇

责任校对：李　爽

出版发行：化学工业出版社（北京市东城区青年湖南街13号　邮政编码100011）

印　　装：北京虎彩文化传播有限公司

787mm×1092mm　1/16　印张$10\frac{1}{2}$　字数282千字　2023年9月北京第2版第4次印刷

购书咨询：010-64518888　　售后服务：010-64518899

网　　址：http://www.cip.com.cn

凡购买本书，如有缺损质量问题，本社销售中心负责调换。

定　　价：45.00元

第二版前言

本书自出版以来，受到了广大读者欢迎和肯定，期间，也有不少读者提出了一些宝贵的建议，在此，首先感谢广大读者对本书的厚爱。随着我国会展业的飞速发展，新材料、新技术日新月异，为适应现代会展业界的实际需要，也为了全面提高本书的质量，我们趁此机会对全书进行了一次修订。除了订正原书的疏漏之外，还吸收了一些新的研究成果，充实本书的内容。关于本书的具体修订工作，特作以下几点说明：

① 基本保持原书的体系、结构不变。为了促进读者对材料的感性认识，把原书中的黑白插图修订为彩色插图。

② 为了适应会展教学中材料与预算的紧密联系，增加了“会展工程的预算”一章，本书篇幅有所增加，但是，为避免篇幅过大，本书简明扼要的编写风格依然没有改变。

③ 为了跟进现代会展业多媒体技术的发展，在第十一章“现代多媒体影音设备”章节中增加了“互动多媒体设备”一节内容。

④ 根据会展工程的实际需要，在第四章“会展工程塑料材料”章节中增加了“塑料软膜天花”的内容。

我们本着对读者负责和精益求精的精神，对原书通篇进行字斟句酌的思考、研究，力求防止和消除瑕疵和错误。但由于水平所限，书中难免还会出现疏漏，敬请读者批评指正。同时借此机会，向给予我们关心、鼓励和帮助的同行、专家学者致以由衷的感谢。

史建海

2016年10月

第一版前言

中国会展业是在全球经济一体化的大趋势下发展起来的新兴行业，从20世纪90年代以来，随着中国经济的快速发展，会展业也逐渐呈现出繁荣的景象，特别是随着中国加入WTO及对外贸易的高速增长，中国会展业得到了蓬勃发展，在国民经济中所占的比重不断增大，产业规模逐年递增。快速发展的会展经济不仅带动了区域经济的发展，同时也催生了一个新的行业——展览展示工程设计。

展览展示工程设计的实施离不开材料，无论多么优秀的作品，其作品的完成都是通过材料表现出来的，作为一个会展从业人员，熟悉材料、掌握材料、能合理地运用材料，是走向专业与成熟的必要环节，本书的宗旨和任务是使读者熟悉各种会展工程材料的性能、特点和用途，掌握各类会展工程材料性能的变化规律，善于在不同的展览展示工程、不同的使用环境和造型中正确选择会展工程材料，做到既能完善地表达设计意图，又能达到经济、合理和新颖的目的。

本书内容包括了会展工程设计、会展工程材料在内的十二个章节的内容，作者结合多年设计及施工经验，从会展工程施工应用的角度，系统全面地介绍了会展工程中材料的种类、性能及运用方法，图文并茂、直观易懂，不仅可以作为高等院校展示设计、会展策划与管理等相关专业的教学用书，也可供从事会展设计、会展策划、会展工程施工及项目管理等工作的专业技术人员参考。

我国著名的艺术理论家张道一先生说过："理论的重要只有在实践中才能真正地显现出来，它不仅能起到点拨迷津的作用，更有助于加深对艺术的思考。"尽力打造一本系统全面、内容翔实、兼具工程应用及资料查阅、内容齐全的会展类的理论工具用书，是笔者不懈努力的目标。由于笔者水平有限，书中疏漏及不足之处在所难免，敬请广大读者指正。

在编写过程中，参阅、应用、借鉴了国内外会展工程、广告及装饰材料学的诸多资料和研究成果，在此对相关作者表示衷心感谢！

编　者

2010.1

CONTENTS

目录

引言

中国会展业是在全球经济一体化的大趋势下发展起来的新兴行业，自20世纪90年代以来，随着中国经济的快速发展，会展业也逐渐呈现出繁荣的景象，特别是随着中国加入WTO及对外贸易的高速增长，中国会展业得到了蓬勃发展，在国民经济中所占的比重不断增大，产业规模逐年递增。活动举办规模的扩大、频率的增加，使会展工程设计中材料利用不合理的问题表现得越来越严重。

一、会展工程与展示材料的关系

在会展工程设计中，材料是支撑设计效果得以实现的物质基础，会展工程设计必须在充分了解材料种类、效果、价格及物理性能的前提下进行才能做到有的放矢。因而，展示装饰材料应用得恰当与否，是会展工程成败的关键所在。只有了解把握材料的特性，在展示内容与形式要求下合理选用材料，充分发挥每一种材料的优势，才能物尽其用，满足会展工程的各项需求。

一般来说，在会展工程中材料所占的比例，占总预算的50%～70%，选择材料时要注意经济、美观、实用的统一，对降低工程总造价、提高展示效果的艺术性具有重要意义。

二、会展工程与展示材料的分类

材料种类繁多，根据不同的需求产生了几种不同角度的分类方法。在会展工程设计的范围内，材料是指用于会展工程设计且不依赖于人的意识且客观存在的所有物质。因此，会展工程设计材料所涉及的范围十分广泛，从气态、液态到固态，从单质到化合物，无论是传统材料还是现代材料，无论是天然材料还是人工材料，无论是单一材料还是复合材料，均是设计的物质基础。为了更好地了解材料的全貌，可以从以下几个角度对材料进行分类。

1.按材料的形态分类

为了在工程中加工和使用方便，往往会把材料事先加工成一定的形态，如果把名目繁多的材料从视觉形态上进行归纳，可以分为四大类。

点状材料：灯具、五金饰品、连接/插接部件等。

线状材料：钢管、钢丝、铝管、金属棒、塑料管、塑料棒、塑料压线盒、木条、竹条、藤条等。

板状材料：各类木板、合成板、金属板、塑料板、金属网、玻璃板、皮革、纸板、纺织品等。

块状材料：木材、石材、钢材、铝材、塑料、泡沫、石膏、混凝土、玻璃钢等。

2.按照部位分类

结构材料：木材、石材、钢材、铝材、塑料、石膏等。

饰面材料：各类面板、合成板、金属板、塑料板、玻璃、陶瓷、纺织品、黏合剂、油漆等。

照明材料：日光灯、太阳灯、金卤灯、高压钠灯、镶嵌灯、投光灯、壁灯、各类线路材料及控制材料。

美工材料：美工字（压克力、苯板、KT板、有机片、及时贴）、美工画面（喷绘、写真）。

3.按照材料材质分类

木材、石材、金属、玻璃、陶瓷、油漆、塑料、石膏、合成材料、黏结剂、五金制品、纺织材料、五金饰品。

三、现代会展材料的发展趋势

现代会展材料是在传统装饰材料的基础上发展起来的，是一个同现代科技的发展有密切关联的概念。早期的装饰材制有石、木、土、铁、铜、编织物等，随着科技进步和现代工业的发展，现代会展材料同装饰材料一样，从品种、规格、档次上都进入了新的时期。

近年来，展示材料总的发展趋势是：品种日益增多，性能越来越好。例如：饰面材料的变革，从传统的刮腻子刷漆到贴波音软片，从透明材料中的分量重、易碎的平板玻璃到各种高通透性能的有机玻璃，都显示了材料的选择和使用越来越与展示工程的周期短、效率高、易拆卸等特点相适应。

第一章 会展工程设计

会展业和会展经济近年来在我国发展迅速，学术界对会展的关注程度也日渐升温。正确理解和界定会展活动、会展经济、会展业、会展旅游等基本概念，是深入研究会展的基础和核心。

第一节　会展工程设计概念

会展工程设计是通过对展示空间环境的创造，采用一定的视觉穿插手段和照明方式，借用一定的道具设置，将广泛的信息和传达内容艺术地展现在公众面前，以期对观众的心理、思想与行为产生重大的影响。

一、会展工程设计的概念

会展工程设计主要包括总体设计、空间设计、版式设计、色彩设计、照明设计、陈列与道具设计、展示施工布展等。它通过多种艺术表达方式创造符合展示特点的视觉形象，是一种立体形式的视觉传达。

在一个展示工程中，展览会是会展信息交流的场所，实际的操作分为“准备阶段”、“设计制作阶段”、“搭建布展阶段”、“展示交流阶段”、“拆卸与管理阶段”，这是一个完整的工程，在整个会展期间，各环节是息息相关、互相影响的。展示设计师对展示所要达到的展示效果有充分的把握，一方面要充分发挥其想象力和创造性，另一方面要考虑与设计相关的展示工程中的各环节因素，避免只凭自己的意志或个人的偏好来进行主观臆造（见图1-1）。

图1-1　与设计相关的展示工程中的各环节因素图例

在实际的展示工程项目中，设计师只是企业生产经营活动中的一部分，他提供的设计服

图1-2　海马汽车展示工程案例

务可以理解为企业的“产品”，只是形式较为特殊。时间与计划的控制对很多展示设计师来说是很头疼的事情，一切“产品”都是有生产成本的，一个项目所花费的工作时间，基本上是一个设计师的大部分工作成本。为此，设计师往往客观上要求尽快完成设计任务，对设计的时间必须要有控制，否则就会影响其他的工作进度，导致整个工程项目的混乱。一般来讲，设计师会制作一个工作进度表，这个表会发给所有项目的参加者，方案何日完成、何时给客户递交方案、何时修改完成、何时开会竞标、何时递交场馆管理部门审批，以及与相关工程人员的时间安排与工作进度安排，等等（见图1-2）。

在商业竞争日趋激烈的社会大背景下，设计师都想尽可能完美地做出自己的设计作品，但是设计师必须适应行业的操作模式，必要时要有所取舍，“没有时间观念的设计师往往很难在职场上生存。一个真正专业的设计师是在有限的时间与预算内拿出最有效的设计方案，满足客户的需求，同时为公司创造良好的效益”。对待不同的项目采取不同的设计方式，是设计师的生存之道。当然，一分耕耘一分收获，“种麦而得麦，种稷而得稷”。要做出非常优秀的作品必须投入尽可能多的时间，这就需要设计师及公司确定如何根据客户的情况善于选择了。

二、会展工程设计的范畴

会展工程设计是一项融多项活动、要素于一体的工作。设计师以展示设计项目书为基础，通过多种渠道获取信息，经过深思熟虑、使不可视的构想变为具体形象的设计。要使这样的工作能按部就班地顺利展开，必须充分了解整个展示工程中各环节所需要做的工作，做到胸有成竹、有条不紊地开展各项工作。

在具体方案设计中，设计师一方面要遵循设计脚本的基本要求来进行构思，避免只凭自己的意志或个人的偏好来进行主观臆造；另一方面，又必须充分发挥其想象力和创造性，对展示所要达到的展示效果有充分的把握。优秀的脚本固然重要，它可以提供构想的依据，引发和丰富设计师的想象思维。但是，脚本写得再好，也只是停留在文字表达阶段，还只是概念的、抽象的构想，如没有设计师对具体视觉形式的再创造，是很难取得展示效应的。

会展工程的形式方案设计包括总平面图、区位平面图、立面图、展示模型、展具、陈列手法、展示色彩、照明、版式、装饰以及一些具体的图表、文字、图案、标志、屏幕、招贴、灯箱、宣传册、纪念品、票券等诸多方面的内容。因而，从这一角度讲，设计师有着更为重要的作用。能否推出富有想象力的、生动新颖的、匠心独具的展示形式，以取得最佳的展示效果，是设计师的责任。具体方案设计是一项空间设计，必须通过具体的视觉形式来呈现（见图1-3）。

图1-3　海马汽车展示工程平面布局图例

1.展示工程设计前期的工作范围

① 了解客户的参展的目的、企业理念、广告宣传及营销策略，以便于确定展示的总体定位、展示内容、表现形式等。

② 了解会展举办的场地情况，参考建筑图纸，深入现场测量实际尺寸，空间的长、宽、高及门窗的尺寸，以及天花吊顶的形式、供电线路等。在设计和搭建时往往受到场地的影响和制约，所以，设计前必须提前对场地的设施、照明等基本情况进行深入了解。

③ 熟悉了解展品的内容，了解所用材料的规格、性能、数量、特征等。最好有具体的展品清单，一方面为具体的陈列布展提供准确的依据，另一方面也能防止在撤展、拆卸、清退等善后工作中出现疏漏和差错。

2.设计与制作阶段的工作范围

① 在深入与客户沟通的基础上，针对企业理念和行业特点，运用设计原则，设计好展示空间和造型（见图1-4）。

② 按照展示内容和版式设计的要求制作好平面展板的内容，制作好尺寸详尽、材质合理规范、工艺要求明确的美工图纸。

③ 根据不同的展位类型，准备好布展现场需要的各种装饰材料和工具，并逐一制作准备好所需展具。

④ 准备好展位现场所需的照明设备，包括电线、插座、灯具等。

⑤ 准备好展示中所配套的音响、电视、显示屏幕等AV设备。

3.布展阶段要完成的工作范围

由于展览场馆展期安排得非常紧密，给搭建商的布展时间很有限，这需要施工搭建部门必须遵循布展的工作规范，具体包含以下几方面的工作。

① 地面铺设阶段，要求一次到位、规范合理。

② 搭建主体造型、安装展示空间主体构件、安置展具。

③ 铺设照明路线，安装照明灯具和设备。

④ 美工制作。安装布置标牌、标志、文字、灯箱画面等美工内容。

⑤ 布置展品。根据展品的内容与特点列出布置展品的详细规划，一般应按先上后下、先内后外的顺序进行布置，尽量避免违规操作而造成的翻工。应该根据设计师的总体设计、遵循形式美的法则，有紧有松、疏密合理。

⑥ 所有展位搭建与布置工作顺利完成，应该打扫场地，把现场清洁干净，最后用胶带封围自己的展区，贵重物品注意采取安全措施，准备第二天开展（见图1-5）。

图1-4 展示空间中版式设计的案例

图1-5 布展工作完成后的场景

4.展出阶段的工作范围

随着展览正式开始，前期的准备、设计、施工、布置的工作已告结束，随之而来的就是展出阶段的工作，这些工作是与前期工作环环相扣、承上启下的，工作范围包括以下几方面。

（1）接待与咨询工作　在一般的商业展览会开展期间，要进行洽谈、交流与咨询工作，接待工作往往兼顾对观众发放宣传材料、纪念品及回答观众提出的问题，介绍展品和企业的情况等。在博物馆、陈列馆等固定的展览场所，一般有专门的接待处，并特别配备讲解员，有计划、有组织地举行集体参观活动。

（2）促展、宣传工作　企业参展的主要目的是通过会展带来一定的经济效益，会展最终取得的效果是商家普遍关注的，在展览期间，通过多种展示活动及不同的方式宣传企业是展览会期间的重要内容。在展览会上，往往通过LED、等离子电视、投影机等现代媒体技术的应用来宣传企业。

（3）修理、清洁工作　在展示过程中，常常会出现一些意想不到的事情，如电力故障、机械故障、展位结构的移位、脱落等偶然因素的发生，须有专职工人及时处理，以确保展览活动不受影响。

（4）撤展、拆卸及善后工作　撤展工作是展示活动的最后一个环节，这一工作的开展需要强有力的组织，要合理分工、有序地进行。首先是小心收放展品，按原清单查收入库，防止丢失避免损坏，对于展具的拆卸，应该注意按照先上后下、先小后大的顺序有序拆装，分类存放，以方便今后的循环再利用。

展览工程的组织筹办不是固定不变的，机构的设置可根据不同的会展规模灵活确定，展览工程机构的组成和功能是以展示会能否有序、高效、按时为基本原则，其职责变化也都是以此为基点的。大型展示会机构设置可以细致周全，小型展示会可以适当压缩、从简（见图1-6）。

三、会展工程的管理

我国现代会展业起步较晚，会展活动没有形成自己独立的行业，产业化程度很低，会展行业的经营管理长期处于较为随意茫然的发展状态。与世界会展业发达国家和地区相比，中国会展业的发展还存在诸多不足，地区之间的发展还很不均衡，除了北京、上海、重庆等经济发展较快的大城市，大部分中小城市的经营管理长期处于较为随意茫然的发展状态，没有明确的主管部门，没有形成明确的经营管理体系，会展行业的经营管理模式问题几乎从来没有被提到议事日程，并予以认真考虑，国家多轮经济管理体制改革从未涉及会展管理问题。只靠几个大的城市来带动全国会展行业的运行模式显然是杯水车薪，如何构建展示工程管理的轴心，探索适合中国会展业健康、良性发展的管理模式，是中国会展业发展的迫切需要（见图1-7）。

图1-6　房地产展示设计工程现场案例

图1-7　国外会展工程管理案例现场

1. 构建会展工程管理的轴心

图1-8　国内会展工程管理案例现场

从展览工程行业目前的状况来看，建立良好、规范的行业秩序还处于理想化阶段，在如何建立展览工程秩序这个问题上，不同的阶层都在尝试不同的方式，相关部门已在为这个理想做出了实质性的努力，“资质认证、等级标准、管理服务、行业组织、行业自律、行业文化正在成为展览工程行业建立良好秩序的关键词”。展览工程企业鱼龙混杂、层次不均，虽然其中不乏比较有实力的规范的厂家，但是技术能力不强、设备落后、没有施工资格、不规则的公司还大量存在。如何把会展行业引入健康、良性发展的轨道，使广大参展商放心大胆地把工程交给有施工能力的企业，这是目前大家都在探索的课题。

对于中国大部分展示工程企业来说，通过政府干预手段成立统筹管理的行业协会，通过过渡期的“短期资质”，成熟期的资质认证等手段，构建每个地区展示工程管理的轴心，是把蓬勃发展的会展行业引入健康、良性发展的必然选择（见图1-8）。

2. 会展工程管理的途径

任何行业的良性发展都离不开行业的支撑点，就好比风筝飞得再高也需要一根主线的牵引。展示工程行业需要大家一起构建一个展示工程管理的轴心，通过这个轴心来规范工程管理、施工及合理的竞争秩序。

（1）通过政府干预手段尽快成立强有力的行业协会　中国有句古训：“举目以纲，千目皆张；振裘持领，万毛自整”。任何事情只要抓住一个关键和主轴，事情办起来才会井井有条，这也是任何管理理论的精髓所在。

过去，在计划经济条件下，会展处于垄断状态，只有一些政府部门、政府色彩较重的行业协会可以主办会展，没有明确的主管部门，没有形成明确的经营管理体系。中国会展行业经营管理的混乱状态一直延续至今。“目前尚没有全国性的行业协会，不少省市虽然已经成立了地方性的行业协会，但其职能发挥得远远不够，不少协会甚至形同虚设。”这些都严重制约着中国会展产业的发展，面对中国蓬勃发展的会展业，千头万绪首先从头抓起。

通过政府干预手段尽快成立强有力的会展行业协会，是构建展示工程管理轴心的开始。会展行业协会是沟通政府与企业的桥梁，发挥联系企业沟通政府，承上启下的作用。会展协会需要全面了解和掌握整个行业各方面的信息，正确引导会展资源流向；保证市场机制最大限度地发挥作用，提高管理水平和协调艺术，通过制定行业规范和服务标准，以行业自律的方式负责会展市场的协调和规范。

（2）通过资质认证规范施工秩序　资质认证在其他行业已经不是一个新的概念，但是在展览行业几乎还没有能全面推行开。2006年，为了规范进入北京国际展览中心展览工程企业的施工秩序，中展集团北京国展国际展览中心有限公司对展览施工企业进行了资质认证。这个认证工作是从2006年8月份开始的，最后确定了22家展览工程企业为资质认证单位。并于2007年1月1日起正式实施这个认证工作。这是会展行业向着规范工程管理迈出的里程碑式的一步。通过认证工作，对会展企业的良性发展起到了有效的促进作用。主要体现在以下几个方面。

① 资质认证首先会对企业的注册资金、经济实力有明确的要求，这样首先筛选掉了没有经济担保的行业，再通过对合格企业严格的施工规范制度的实施，使展览会的安全系数确实得到了提高。提高了施工档次，主办单位和参展商、施工单位的责任更加明晰。

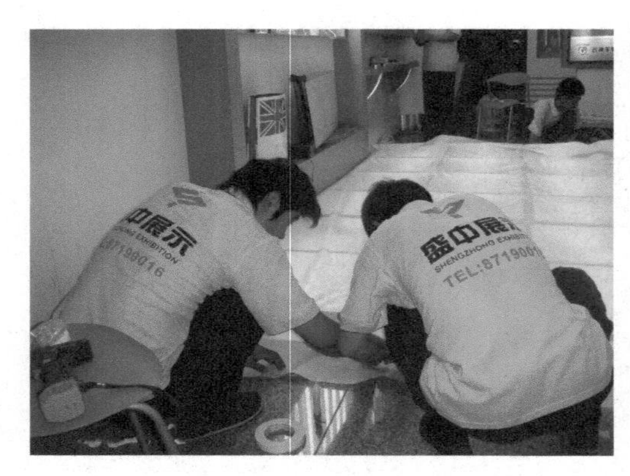

图1-9 国内展示工程施工现场

图1-10 国外展示工程完成后的效果

② 提高了管理部门对认证企业安全检查的力度，按照展览会的实施细则进行检查、落实，看到问题及时发出隐患通知书，及时提醒主办单位、参展商和工程商。致使展览工程企业的安全意识有了很大的提高，一些没有资质和技术保障的“游击队”公司受到了震慑，安全系数比以前有了大幅度提高。

③ 资质认证对施工人员着装、佩戴证件的要求，使得展览会的施工秩序进一步规范，从而使得被认证企业的影响力得到加强（见图1-9）。

④ 通过高质量的施工工程案例、给被认证公司带来一些经济效益和在业界的良好声誉。在另一方面也使参展商对认证单位更加认可，促使新的参展企业选择被认证的单位，进而促进行业的良性发展。

（3）根据行业现状建立灵活的“短期资质”，加强对非认证单位的管理力度　鉴于中国会展市场目前的不成熟性，对于资质认证的概念还无法在市场上得到有效的普及，短期内还无法完全杜绝非认证单位进场施工，主办单位一般在不影响展览会开幕的前提下，还是会允许非认证单位的施工企业进场施工，如果没有得力的措施对非认证单位加以监控，则很难保证优质的施工质量及良好的施工秩序，根据行业现状建立一套符合行业需求的“短期资质”，将会是一个行之有效的监管措施。

所谓“短期资质”，可以结合目前普遍采用的进场施工的保证金的形式，其区别在于，在缴保证金之前，先对施工企业的资金状况、施工实力、人员配备等进行初步审核，在对基本达到施工要求的企业在缴纳进场保证金时，集中进行进场安全、施工规范等方面的简单培训后签发一个单次会展有效的“短期资质”，这样从图纸、用料等环节上会审核得更严，从现场方面检查的力度上也会加大，包括对执照和特殊工种的审核，都要随身携带相关证件。

通过以上措施，不仅能够有效地对展示工程施工企业进行有效的监管，规范了行业秩序，同时也使得施工企业逐渐认识到资质认证的重要性和必要性，是解决和规范中国会展行业走向正规的过渡办法，也是规范会展行业管理的有力补充，对整个行业的发展将会起到不可估量的作用（见图1-10）。

第二节　会展工程设计的相关因素

会展工程设计是有目的地实施展示设计的计划，并遵循分阶段，按时间顺序模拟展开的科学设计方法。展示工程设计思维不仅贯穿整个设计过程，而且还存在多元性的特征。与其他领域的设计所不同的是，由于会展工程设计涉及的内容丰富，涉及的领域广泛、功能复杂、可运用的造型元素多，因此，通常创意思维只出现在设计的前期，即所谓的“胸有成竹，下笔如神”。而会展工程设计则是要将创意思维贯穿到每一个局部、每一个环节、每一个细节，否则就会出现整体上的不和谐，或者至少是不完美的缺陷，会展工程设计的相关因素包括以下几个方面。

一、会展工程资金定位

会展工程设计的资金定位是指设计师在设计一项工程之前需要了解的、与工程相关的预算开支。有些设计师具备很高的设计技巧，但是，往往拿自己的喜好或标准给客户做设计，定位不准、客户不满意，自己也很烦恼。其实，作为成熟的设计师应该学会分析在与会展工程设计相关的因素的基础上得到设计概念与主题，设计才能有的放矢。

商家承办会展，归根到底，“利润”是追逐的目标。作为承办方，都有哪些方面的收入和支出呢？通过了解承办方的收入支出项目，可以预算一个会展的收支平衡情况，从而决定是否承办它或调整资金方案。

在参展商方面，会展中主要有哪些支出呢？参展商的支出项目较多，除了搭建方面的费用可以通过设计形式来调控，其他环节都是相对确定的费用，不会有大的变化。设计成为弹性很大的可以调控会展花销的主要方面，鉴于设计的结构、材料及施工工艺对会展工程设计的资金花费有决定作用，为此，设计师应兼顾预算和展示效果两方面，弹性地控制设计结果。目前，参展商普遍看中可重复使用的标准方形桁架与其他结构结合使用，这种形式的优点是，既考虑到了暴露结构的审美又可重复利用材料，降低了成本，也减少了会展垃圾，是目前会展工程设计的发展趋势，也是新的研究课题（见图1-11）。

图1-11　会展工程设计的不同资金定位案例

二、会展工程设计的场地与面积

在会展工程设计的前期工作中，了解场地是一项重要工作，所谓了解场地，我们应从以下几方面去了解。场馆的具体情况：包括面积、布局、技术参数、设施以及空间的长、宽、高和门窗的尺寸等；参展商的具体展位类型及位置、观众参观的人流分配等。

1.场馆的具体情况

目前，在展览场馆规模、展览会的规模方面，通常以所占用面积的大小来界定。在同一展厅内实际搭建的工程项目，因展览类别、招展效果、摊位布局、通道大小等因素的不同在摊位数目和面积上可能有很大差别，判断一个展览会的规模，应该以实际参展商数目和搭肩展位的净面积来衡量。每个展览馆的设计和布局都不尽相同、面积不一，实际可供“展览用途”的面积可能有很大的差异。展览厅形状、立柱数目、尺寸、防火和服务设备分布等，也会对实际可设展位数量和面积有直接影响。展示形式的设计也可参考场馆可提供的条件，只有详细了解各场馆情况后，会展工程设计才会更加“有的放矢”。

2.参展商的层位类型及位置

在展览会中，承办方根据会展类别和招展的情况将展馆空间分成两大类：一类是标准展位，另一类是特装展位。标准展位的规格是：3m×3m=9m^2。通常标准展位提供三面组合围板、铝合金支柱、简易的洽谈桌椅、射灯及电源插座一只，提供一块公司楣板，开口形式分一面开口和两面开口（一般在拐弯处）两种类型；特装展位是参展商向承办方租赁一块“光地”，自己设计搭建空间造型。参展商租赁不同位置的展位会造成几种空间情况：一面开口型、两面开口型、三面开口型、四面开口型。了解各场馆情况后，设计中会更加有的放矢，展示方式的设计也可参考场馆可提供的条件，比如：每年在上海国际展览中心举办的“大型机械展”，若场馆没有380V工业电，就无法进行演示性的展示方式（见图1-12）。

建筑面积	$40000m^2$
展览面积	室内：A区（A1、A2）$8400m^2$，B区（B1、B2）$5700m^2$，C区$2800m^2$
	室外：$10000m^2$
标准展位数（3m×3m）	A区（A1、A2）450个，B区350个，C区150个合计950个
地坪	大理石地面一层承重$2t/m^2$，二层承重$350kg/m^2$
电源	3相5线380V/220V 50Hz 3830kV·A
消防	红外线光束感烟接收器、烟感报警、自动喷淋、便携式灭烟、自动报警
最大搭建高度	A、B区6m，C区4m
电话、网线	国内、国际长途；宽带网
电梯	扶梯6部、货梯2部（长2.8m，宽1.75m，高2.5m），货梯承重2t
保安	中央监控、24h保安服务
观众出入口	11个
展品出入口	展厅北侧货物出入口5个：4.4m×3.4m 1个，2.5m×2m 2个，2m×1.8m 2个
卫生间	7个
会议厅	700人的国际报告厅1个，宾馆多功能厅2个，舜华园商务会所多功能厅1个
会议室、贵宾室	25个中小型会议室、贵宾室
餐饮	山庄宾馆餐厅41个，900个餐位；贵宾楼餐厅14个，340个餐位；舜华园餐厅10个，390个餐位
客房	286个（标准间257个；套间29个）
旅游	舜耕旅行社（国内旅游；代订机票、火车票；会议租车）

图1-12 济南舜耕国际会展中心技术数据

会展工程设计的前期工作不仅要知道参展商的展位类型，还要知道参展商的展位的具体位置，通过总体布局图分析场馆的主人流的路线、展位周围的通道情况，把展位的主面朝向主通道和主人流，并有针对性地设计演示和互动空间及企业形象、广告画面、宣传口号等（见图1-13）。

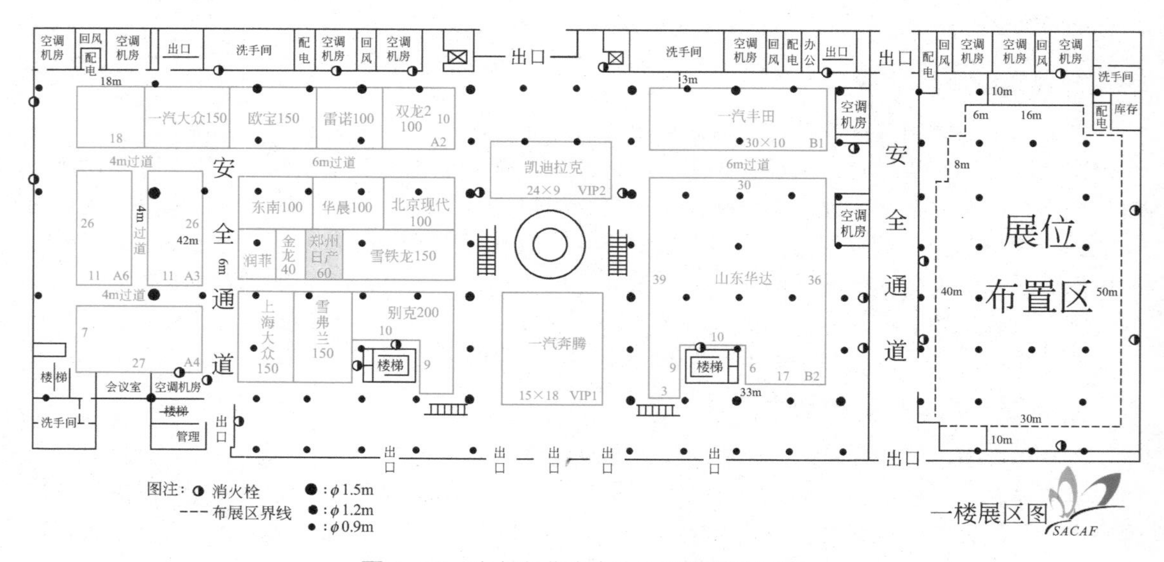

图1-13 山东润华汽车文化节平面布局图

三、会展施工安全因素

在会展工程设计的施工搭建阶段，由于现场搭建工作量大，为保证搭建质量、消除隐患，做好防火、防盗、防事故，以及搭建的安全管理工作十分重要。

1.布展搭建的基本规则

① 参展商尽可能采用主办单位指定的展览展示设计搭建公司，以便主办单位尽可能多地维护展商权益。

② 展馆墙壁与展台墙壁间隔至少0.60m。

③ 各排展台之间的通道至少3m。

④ 展台的设计和搭建以不影响其他参展商为原则，尤其是紧接其他参展商的毗连位置，尽量不要出现遮挡、超高等负面影响（见图1-14）。

2.展台搭建安全规定

（1）标准展位　由于标准展位的展具基本上是展览馆提供的可循环利用的标准展具，为了不影响再次搭建使用，在给参展商使用的同时也提出相关要求：a.不允许在展板上钉钉子、钻孔等；b.不允许在展板上涂抹外用胶黏剂、油漆等改变展板外观；c.自带展具或设备的高度不可超过2.5m，或摆放在所划定的范围以外。

（2）特装展位安全规定　特装展位在形式上、施工要求与标准展位相比要灵活得多，但是也必须在一定的安全范围之内，不同的展会及不同的承办方，其要求也不一样，基本要求是：a.展台的所有部分不得超越所划定的范围；b.相邻的展台搭建时，面向对方的一面必须使用防火材料装饰；c.展馆顶部不得悬挂物品，特殊需要时需经主办单位同意并办理安全保证手续，地面、墙壁或展馆的其他部分不得粘贴物品；d.需要搭建双层的特殊展位时必须报经主办单位批准，并按规定缴纳附加费用；e.参展商进场施工前，必须在指定日期前向场馆的施工管理办公室填报“施工人员名单”和“施工项目申请表”，并递交展位布展平面图、效果图、电路图《标明用电量》等有关材料、交纳管理费用（见图1-15）。

图1-14　布展中各展台之间的关系要素以不影响其他参展商为原则

图1-15　边侧展板换为带有公司名称的楣板案例

3.展台供电安全

（1）标准展位　由主办单位提供基本照明和插座，并负担其费用；参展商自行增加照明设备和使用其他电器所发生的用电费用，由参展商在指定日期前向展览场馆水电管理部门申报，并缴付有关费用。

图1-16　展位设计的采光要考虑现场的供电负荷情况

（2）特装展位　由参展商委托展览搭建公司搭建的，由参展商或搭建单位在指定日期前向展览场馆水电管理部门申报用电，并缴付有关费用；如因未按实申报用电并交纳有关费用，导致展位断电及所产生的一切后果，自行负责；展馆的顶部及其他建筑结构上不允许悬挂电力设备，电力设备的安装不能超过所划定的安全范围。

4.展台防火安全

所有展台的搭建禁止使用易燃易爆材料，搭建单位所使用的电料、装饰材料、音响设备等必须符合国家安全标准，如果由于其展品特点需要配备灭火器，费用自理；为确保展台防火安全，主办单位有权要求不符合防火安全规定或有安全隐患的展台修改、重建，直至达标为止（见图1-16）。

5.展品安全及保险

主办单位将安排专业保安、防火人员负责展场安全，但对布展、展览、撤展期间展品的丢失或损坏不负法律责任，参展商应负责自己展台的展品安全，主办单位建议参展商为展品购买必要的保险。

6.展品出入馆

在一般情况下，展览期间展品不允许出入展馆。如果参展商必须在展览期间将展品拿出展馆，则须到主办单位开取货物出馆单。在展览的最后一天，参展商的个人物品及手提展品可以在展览结束后出馆，在所有手提物品出馆及租用物品收回之前，展台应有人看管。通过海关的展品出入展馆时，必须通过运输代理相关手续。

7.不可抗力

如因不可抗力导致展览延期、缩短、延长、取消等，主办单位对因此造成的损失不承担责任。但在主办单位同意下，参展商可获得退款。

四、展示施工材料因素

在会展工程中，材料是支撑设计效果得以实现的物质基础，系统地学习和了解展示材料及相关知识，了解展示材料的种类，熟悉展示材料的性能和特点，掌握各种材料的变化种类，以达到善于在不同的工程和不同的使用条件下，能合理选择和正确使用不同的展示设计材料，对于正确表达设计意图、把握工程质量，以及合理降低成本、提高展示效果具有重要的意义。

在会展工程设计中，必须在充分了解材料种类、效果、价格及物理性能的前提下进行才能做到有的放矢。因而，展示装饰材料应用的恰当与否是展示设计工程成败的关键所在。只有了解把握材料的特性，在展示内容与形式要求下合理选用材料，充分发挥每一种材料的优势，才能物尽其用，满足展示设计工程的各项需求。

第二章

会展工程材料概述

任何一项会展工程设计的形式都是要通过会展材料来实现的，材料是会展工程得以实现的重要载体，会展工程材料的性能、特点及种类千差万别，并且随着时代的发展而发展变化。系统了解掌握展示工程材料的基本知识对于从事会展业的人员来说是一个非常必要的环节。

第一节　会展工程材料的基本特征与设计表现功能

了解材料首先要从材料的基本特性入手，由于组成材料的基本物质基础不同，决定了材料的特性多种多样，对于从事会展设计的人员来说，只有在充分系统掌握了解材料的基础上才能使设计更有针对性。

一、会展工程材料的基本特性

1.颜色

材料的颜色决定于三个方面：

① 材料的光谱反射；

② 观看时射于材料上的光线的光谱组成；

③ 观看者眼睛的光谱敏感性。

以上三个方面涉及物理学、生理学和心理学。但三者中，光线尤为重要，因为在没有光线的地方就看不出什么颜色。人的眼睛对颜色的辨认，由于某些生理上的原因，不可能两个人对同一种颜色感受到完全相同的印象。因此，要科学地测定颜色，应依靠物理方法，在各种分光光度计上进行（见图2-1）。

图2-1　不同颜色的会展材料

2.光泽

光泽是材料表面的一种特性，在评定材料的外观时，其重要性仅次于颜色。光线射到物体上，一部分被反射，一部分被吸收，如果物体是透明的，则一部分被物体透射。被反射的光线可集中在与光线的入射角相对称的角度中，这种反射称为镜面反射。被反射的光线也可分散在所有的各个方向中，称为漫反射。漫反射与上面讲过的颜色以及亮度有关，而镜面反射则是产生光泽的主要因素。光泽是有方向性的光线反射性质，它对形成于表面上的物体形象的清晰程度，亦即反射光线的强弱，起着决定性的作用。材料表面的光泽可用光电光泽计来测定。

图2-2 透明材料案例

3.透明性

材料的透明性也是与光线有关的一种性质，既能透光又能透视的物体称为透明体。透明性应该从两个方面来理解，一个是物理现象，透明的物质反映透明的现象；不透明的物质反映不透明的现象，半透明的物质反映半透明的现象；另一种现象应该是心理现象，即经过视网膜的成像经过大脑加工而得到的感知。用物质的特点去反映另一种现象，即感觉性。例如普通门窗玻璃大多是透明的，而磨砂玻璃和压花玻璃等则为中透明的（见图2-2）。

4.表面组织

由于材料所有的原料、组成、配合比、生产工艺及加工方法不同，使表面组织具有多种多样的特征：有细致的或粗糙的，有平整或凹凸的，也有坚硬或疏松的，等等。我们常要求装饰材料具有特定的表面组织，以达到一定的装饰效果。

5.形状和尺寸

对于砖块、板材和卷材等装饰材料的形状和尺寸都有特定的要求和规格。除卷材的尺寸和形状可在使用时按需要剪裁和切割外，大多数装饰板材和砖块都有一定的形状和规格，如长方、正方、多角等几何形状，以便拼装成各种图案和花纹。

6.平面花饰

装饰材料表面的天然花纹（如天然石材）、纹理（如木材）及人造的花纹图案（如壁纸、彩釉砖、地毯等）都有特定的要求以达到一定的装饰目的。

7.立体造型

装饰材料的立体造型包括压花（如塑料发泡壁纸）、浮雕（如浮雕装饰板）、植绒、雕塑等多种形式，这些形式的装饰大大丰富了装饰的质感，提高了装饰效果。

8.基本使用性

装饰材料还应具有一些基本性质，如一定强度、耐水性、抗火性、耐侵蚀等，以保证材料在一定条件下和一定时期内使用而不损坏。

二、会展材料的设计表现功能

随着材料科学的发展，用于会展设计的材料种类越来越丰富，表现方法和形式也越来越成熟。而相对展示的视觉效果，材料的表现主要分为形式、色彩和肌理三个方面。

1.形式表现功能

会展的形象在很大程度上决定了其风格，是展示设计的决定性因素，而在会展设计中材料的合理选择与应用又为展示的形式设计提供了广泛的发展基础。形式（form）是一件作品的实际物理轮廓，是设计师运用材料进行三维塑造的形态表现，无论采用何种形式，都需要通过视觉感受来体验艺术品的美感，在合乎空间环境和人类生活方式是否和谐的前提下，达到视觉形式上的统一。

这些关于空间形式的要素主要包含了内部形式和外部形式，静态形式和动态形式，再现形式、抽象形式和非客观形式等。

图2-3　外部形式应用案例

外部形式和内部形式：一件由材料构筑起来的展示设计作品的内在形式（interior form）是外在形式（exterior form）的反转。

当两种形式之间的对比表现于这样的一件展示设计作品时：作品中的一个形式在物质上区别于另一个形式，但又被包含其中，当通过外部形式可以看到内部形式的全部或局部时，两者之间的关系和内在形式会让观赏者得到视觉满足（见图2-3）。

静态形式和动态形式：某些展示作品具有稳定的形式，这种形式可以称之为静态形式，指设计的形式呈现的是静止的、不动的，或者设计给人一种视觉上的稳固感。相比之下，动态形式是指那些以运动、变化、活力等导致运动和变化的因素为特征的形式，它所呈现出的是一种不断运动的状态。展示空间的动态变化，强化了特定的气氛。

再现形式、抽象形式和非客观形式：形式能够产生视觉效果，往往产生于形态与所知物体的相似度。再现的形式或具象的形式是那些直接来自于我们三维经验世界的物体。非客观形式有时是从艺术家内心想象中产生的形状：有时它们是被精心制作的几何形状，暗示了有序的数学结构，这种材料结构形成了设计体块的生命力。

2.色彩表现功能

色彩是引人注目的设计要素，当我们看见使用不同色彩后产生的不同气氛时，就会被色彩的魅力深深吸引。这使得人们对色彩的讨论和认识向更广泛的空间发展，而对材料的认识也不仅仅局限于金属或其他某种具体材料。无论以什么样的材料的自然色彩进行创作，还是给它们添加颜色，色彩都是设计师以多种方法进行创作的行之有效的设计元素。

对于色彩的认识和把握，应该是全方位、多层次的。结合所学过的色彩的基本原理知识全面把握。从材料学的角度可分为自然色彩、人工色彩、心理因素、文化含义等几个方面。

自然色彩：尽管现代各种颜料通过调和能够得到非常逼近自然的微妙色彩，但是设计师经常还是会使用自然的色彩特征、明确的材料介质。这种对材料固有色的运用我们称之为自然色彩。设计师经常寻找那些呈现出自然色彩的美的材料，然后以某种方式展现它们，从而获得美的升华。有时为了表达某种哲学理念或对自然生活的追求，在设计上人为地使用自然纹理，突出自然色彩的独特魅力。

人工色彩：尽管自然色彩的使用可以创造出自然清新的效果，当自然色彩无法完全满足设计的多方面的需求时，设计师也经常在材料表面涂上颜料改变材料的自然色彩特征，进而增加材料给人感官上带来的装饰魅力，华丽欢快的色彩可以给人带来视觉上的冲击力。给材料添加色彩的另一个动机就是引起人们的注意，满足设计师的设计需求。

心理因素：不同波长色彩光的信息作用于人的视觉器官，通过视觉神经传入大脑后，经过思维与以往的记忆及经验产生联想，从而形成一系列的色彩心理反应和联想。色彩的心理感受分具象联想和抽象联想两种。具象联想，人们看到某种色彩后，会联想到自然界、生活中某些相关的

图2-4　会展色彩中的文化含义

事物。抽象联想，人们看到某种色彩后，会联想到理智、高贵等某些抽象概念。一般来说，儿童多具有具象联想，成年人较多具有抽象联想。

文化含义：色彩文化含义的表现受到观察者年龄、性别、性格、文化、教养、职业、民族、宗教、生活环境、时代背景、生活经历等各方面因素的影响，同样的色彩，不同的地区会有不同的文化理解（见图2-4）。

3. 肌理表现功能

肌理，英文texture，起源于拉丁文textura。对肌理的一般解释是："肌，是物象的表皮；理，是物象表皮的纹理"。肌理是物质属性在感觉上的反映，是物象存在的形式，它侧重的是表象，一般不涉及物质的内在结构。根据肌理的物理表象，可将其分为视觉肌理和触觉肌理：视觉肌理的影响主要体现在纹理形状、色彩感觉、光洁度等视觉因素带来的心理反应上；触觉肌理主要体现在细腻粗糙、疏松坚实、舒展紧密等触觉因素带来的生理和心理感觉上。材料的肌理表现有两个部分组成：一是原材料的肌理表现，二是被设计出来的肌理表达。

图2-5　自然肌理效果

自然生动的肌理效果可通过设计转化为现实。我们可以从自然界中获得设计的灵感，由于外力作用所形成的锈蚀效果，被我们称为"时间过程"，如风化、日蚀、温差变化引起的胀缩所形成的破坏力等。设计师可以利用这种在一定条件的控制下，通过锈蚀手段创作出的不同风格的肌理效果，达到设计所需要的目的。

同样，由于设计创作的需要使得多种多样的设计肌理出现，所以无论是金属还是其他材料都可以采用众多的加工手段来表现，以达到材料表面所呈现的肌理效果。

处理方法：对各种材料可以经过粗糙处理，如喷沙、蚀刻、雕刻、锤打、扩充、编织、碾压、爆炸等加工方法进行处理；光面处理，如磨光、抛光、涂饰、镀饰、研磨等表面处理工艺获得理想效果（见图2-5）。

材料肌理是视觉或触觉作用下表现出的物质形式，其形态丰富多样。不同的材料肌理给人以不同的视觉感受，诸如瓷器光滑、细腻；织物柔软、舒适；玻璃光洁；石材坚硬；木材质朴、温馨，等等。因此不少会展设计师在展示设计中根据设计意向选择不同的材料肌理营造不同的视觉效果。然而如何科学地运用材料的肌理效果，更充分地表现材料肌理的美感却是令有些会展设计师感到困惑的事情，材料运用的过程实际就是将不同材料加以组合形成丰富形态的过程。随着人们对个性和环保的追求，许多废弃的材料也被设计师利用起来并通过有效的组合形成了完美的造型。

第二节　会展工程材料的分类

会展工程材料的分类方式有很多种，可以从不同的角度及使用不同的分类方式进行分类。这里讲述的是从会展的形式结构方面进行的分类，使人们能够从整体上把握材料的应用方式。

一、结构材料

结构材料是以力学性能为基础，用以制造受力（承受力、能量或传递运动等）构件所用的材料。当然，结构材料对物理或化学性能也有一定要求，如光泽、热导率、抗辐照、抗腐蚀、抗氧化等。结构材料是社会生活和国民经济建设重要的物质基础。金属、陶瓷和高分子材料长期以来是三大传统的工程结构材料。随着工业化的迅速推进，对工程结构材料的性能提出了越来越高的要求，也推动了新一代高性能结构材料的发展。

会展工程中的结构材料主要有：木材、陶瓷、钢材、铝材、塑料、石膏及高分子合成材料等（见图2-6）。

图2-6 钢材结构材料

二、面层材料

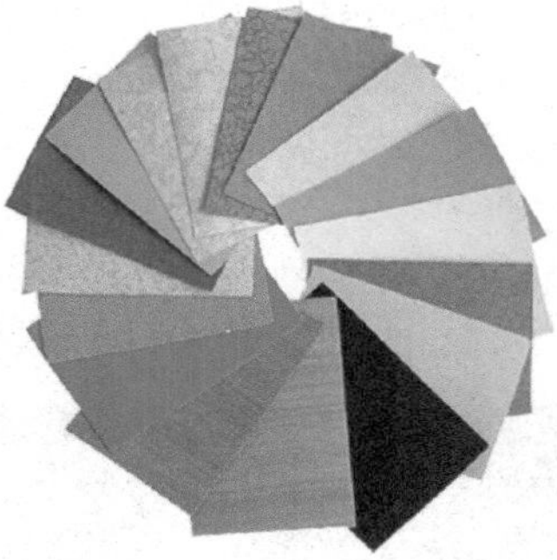

面层材料是指会展工程中的造型经过结构材料的对造型初步塑造后的面层装饰，也是会展造型的外观体现，面层材料决定着会展造型的最终效果，起着关键的修饰作用。

会展工程中的面层材料主要有：各类面板、合成板、金属板、铝塑板、塑料板、玻璃、陶瓷、纺织品等（见图2-7）。

图2-7 面层材料样板

三、装饰材料

装饰材料包括面层材料，这里更多地特指在完成基本造型和面层材料后，为了达到理想的展示效果而特别修饰的一类材料。

会展工程中的装饰材料主要有：金属板、播音软片、铝塑板、玻璃、陶瓷、纺织品、黏合剂、油漆等。

四、综合材料

在现代展示工程中，各类新材料、新技术的应用已经成为现代展示的材料应用的显著特征。主要包括以下几类。

1.照明材料

日光灯、太阳灯、金卤灯、高压钠灯、镶嵌灯、投光灯、壁灯、各类线路材料及控制材料（见图2-8）。

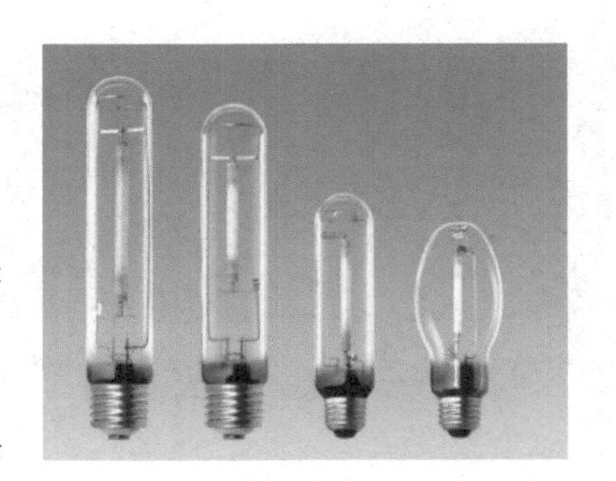

图2-8 照明材料样板

2.美工材料

美工字（亚克力、苯板、KT板、有机片、及时贴）、美工画面——喷绘、写真 。

3.各类高科技辅助材料

（1）高分子合成材料 树脂、纤维和橡胶，这三大类高分子合成材料目前世界年产量已经达到1.8亿吨以上，其中有80%以上是合成树脂和塑料。新型高分子结构材料发展的重点是特种工程塑料、有机硅材料、有机氟材料、高性能纤维、高性能合成橡胶、高性能树脂等。合成树脂是正在迅速发展中的材料。高性能乙丙橡胶生产技术已经进入新阶段，以活性阴离子聚合、活性阳离子聚合，以及弹性体改性和热塑化等技术为开发的热点。高分子材料的绿色工程技术在世界范围内也已经受到普遍的重视。

（2）半导体材料　目前在国际上，电子材料和器件的设计理论原理正在由传统电子学向以应用量子效应为基础的纳米电子学转移；宽带隙材料、硅基异质结构材料和光学功能材料等已经成为新一代光电子、光子信息技术发展的基础，成为当前电子信息材料研究和发展的重点。随着电子学向光电子学、光子学迈进，尽管微电子材料在未来10～15年内仍是最基本的信息功能材料，而光电子材料、光子材料将成为发展最快和最有前途的领域。

（3）光电子材料　光电集成是21世纪光电子技术发展的重要方向。光电子材料是发展光电信息技术的先导和基础。其正在朝着“材料尺度低维化”的方向发展，由厚体材料转向薄层、超薄层和纳米结构材料等。

在世界范围内，激光晶体材料目前已经发展有数十种。固体激光晶体正在向高功率、LD泵浦、可调谐、新波长、多功能和新工艺的方向发展。应用最广泛、用量最大的激光晶体为Nd：YAG；应用较多的激光晶体有Nd：YLF、Ho：YAG、Er：YAG、Ti：Al_2O_3等（见图2-9）。

（4）光传导纤维　通信光纤材料在总体上向扩大容量、增加传输距离、降低损耗与色散、提高带宽、抑制非线性效应、实现密集波分复用、高灵敏度传感的方向发展。目前敷设量最大的为G.652光纤，其占敷设总量的90%以上。在新一代光纤通信系统中，最佳传输介质目前是G.655光纤，其适用于密集波分复用系统。国外制作的大尺寸光纤预制棒每棒拉丝目前最长达到1000km。国外开发了通信光纤，还开发了保偏光纤、有源光纤、红外光纤、细径光纤、抗辐照光纤、耐高（低）温光纤、高强度光纤、增敏和退敏光纤等特种光纤。

图2-9　高科技辅助材料LED

（5）磁性材料　磁性材料主要用于计算机存储领域的磁记录设备和介质，磁记录器的高密度、低噪声、小型化等要求磁粉的颗粒尺寸由微米向亚微米、纳米方向发展，且颗粒分布要尽可能密集。由于当今高密度磁盘和数字磁带的发展，对高性能金属磁粉的需求将会明显增加。

现代通信、计算机、信息网络技术、集成微机械智能系统、工业自动化和家电等以电子信息技术为基础的高技术产业迅速发展，推动了系列信息功能材料的研究、发展以及广泛应用（见图2-10）。

图2-10　会展现场的新材料应用案例

第三章

会展工程木质材料

会展工程木质材料是指包括木、竹材以及以木、竹材为主要原料加工而成的一类适用于展览、家具和室内装饰装修的材料。

第一节　木材的基本性能特点及加工特性

木材和竹材是人类较早应用于建筑以及装饰装修的材料之一。由于木、竹材具有许多不可由其他材料所替代的优良特性，它们至今在建筑装饰装修中仍然占有极其重要的地位。

一、木材的基本性能特点

虽然其他种类的新材料不断出现，但木、竹材料仍然是家具和建筑领域不可缺少的材料，其特点可以归结如下。

（1）不可替代的天然性　木、竹材是天然的，有独特的质地与构造，其纹理、年轮和色泽等能够给人们一种回归自然、返璞归真的感觉，深受人们喜爱。

（2）典型的绿色材料　木、竹材本身不存在污染源，其散发的清香和纯真的视觉感受有益于人们的身体健康。与塑料、钢铁等材料相比，木、竹材是可循环利用和永续利用的材料。

（3）优良的物理力学性能　木、竹材是质轻而高比强度的材料，具有良好的绝热、吸声、吸湿和绝缘性能。同时，木、竹材与钢铁、水泥和石材相比具有一定的弹性，可以缓和冲击力，提高人们居住和行走的安全性。

（4）良好的加工性　木、竹材可以方便地进行锯、刨、铣、钉、剪等机械加工和贴、粘、涂、画、烙、雕等装饰加工。

基于上述特点，木质装饰材料迄今为止仍然是建筑装饰领域中应用最多的材料。它们有的具有天然的花纹和色彩，有的具有人工制作的图案，有的体现出大自然的本色，有的显示出人类巧夺天工的装饰本领，为装饰世界带来了清新、欢快、淡雅、华贵、庄严、肃静、活泼、轻松等各种各样的气氛。

人造板工业的发展极大地推动了木质装饰材料的发展，中密度纤维板、刨花板、微粒板、

图3-1　木材的视觉效果

细木工板、竹质板等基材的迅猛发展，以及新的表面装饰材料和新的表面装饰工艺与设备的不断出现，使木质装饰材料从品种、花色、质地到产量都大大向前迈进了一步。

木质装饰材料以其优良的特性和广泛的来源，大量应用于宾馆、饭店、影剧院、会议厅、居室、车船、机舱等各种建筑的室内装饰和现代会展行业中（见图3-1）。

二、木材的加工工艺特性

木材加工与金属加工的切削原理基本相同，但从劳动安全卫生的角度看，木材加工有区别于金属加工的特殊性。

1.加工对象为天然生长物

由于木材的各向异性的力学特性，使其抗拉、压、弯、剪等机械性能在不同纹理方向有很大差异。加工时受力变化较复杂。天然缺陷（如疖疤、裂纹、夹皮、虫道、腐烂组织）或在加工中产生的力的缺陷（如倒丝纹），破坏了木材的完整性和均匀性；由于含水率的变化，干缩湿胀的特性，使木材会出现不同程度的翘曲、开裂、变形；木材的生物活性使木材含有真菌或滋生细菌，有些木材还带有刺激性物质，需要对木材进行防护处理。

2.木工机械刀具运动速度高

由于木材天然纤维分布和导热性差的特点，必须通过刀具的高速切削来获得较好的加工表面质量。木工机械是高速机械，一般刀具速度可高达2500～4000r/min，甚至达每分钟上万转。

3.敞开式作业和手工操作

木材的天然特性和不规则形状，给装卡和封闭式作业造成了困难，木工机械作业大多是暴露敞开式的；作业场地的流动性，使木材加工大量处于分散的、小规模的、个体作业状态，手工操作比例高。木材加工的低水平状态长期存在，特别是初级木材加工的机械化、自动化水平普遍不高。

4.易燃易爆性

木料的原材件成品和成品、废弃刨花和木屑、抛光粉尘以及表面修饰用料（如油漆、浸渍、贴面等）都是易燃易爆物（见图3-2）。

图3-2　木制品应用案例

第二节　木质展示材料的种类与概况

一、内骨架材料

1.软木

松木（白松、红松）、泡桐、白杨。

图3-3　内骨架材料图例

一般以木方形式使用，统一4000mm长，白松1m³ 1200～1500元，红松1m³ 1400～1600元，榉木1m³ 5000～6000元。

特点：做结构，木方抗腐蚀性差，抗弯性差，一般用在展览的内骨架部位，不能做家具（见图3-3）。

2.合成木材料：展览业以合成板为主

① 合成板、五厘板、九厘板，用来做结构，可弯曲。

合成板是由3层或多层1mm厚的单板薄板胶贴按纤维方向相互垂直胶合热压制成的。夹板一般分为3mm、5mm、9mm、12mm、15mm、18mm，五厘板就是5mm厚的胶合板；九厘板其实就是9mm厚的胶合板（见图3-4）。

图3-4　各类合成板图片

② 细木工板或称为大芯板，为克服木材变形而生，两层木板中填小木块。

自20世纪90年代以来，细木工板由于其材性类似于天然木材，在装饰装修及会展业中得到越来越广泛的应用，成为人造板中较大的板种之一。细木工板有许多品种，内部芯条或其他材料密集排列的为实心细木工板，内部芯条或其他材料间断排列的为空心细木工板。用胶黏剂将内部芯条或其他材料粘接在一起的称胶拼板芯细木工板，板芯材料之间的连接不采用胶黏剂粘接的称不胶拼细木工板。在装饰装修及会展业中应用较多的是实心细木工板，内部板芯材料胶拼或不胶拼的都有采用，胶拼板芯细木工板多用于家具和高档装修中，板芯不胶拼细木工板多用于一般装修中（见图3-5）。

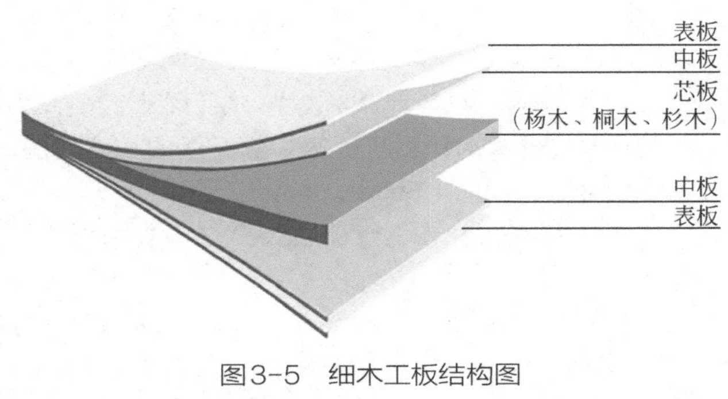

图3-5　细木工板结构图

由于受结构的特殊性和材料几何形状的多样性等因素影响，细木工板与其他人造板相比，在生产中容易引起板材表面不平和厚度偏差。也就是说，细木工板要想在表面平整度和厚度偏差等有关指标方面达到刨花板和中密度纤维板同等水平，难度要大得多。因此，在采用细木工板作为会展和室内装饰装修材料时，要特别注意这两项指标（见表3-1）。

表3-1　细木工板参数要求

板材砂光形式	砂光	不砂光
板材厚度公差/mm（板厚≥16mm）	±0.6	±0.4
（板厚＜16mm）	±0.8	±0.6
表面波纹度/mm	≤0.3	≤0.5

此外，细木工板往往是几种不同性质、不同结构、不同大小单元材料胶合起来的多层复合板，不同厂家生产的产品，其胶合强度和横向静曲强度往往相差很大。因此，在选用时应当十分重视。

特点：纵向强度高，尺寸稳定性较好，易加工。横向强度低，厚度偏差较大。根据中间填充的材料不同，价格不等。常为15～18mm厚，40～60元或120～150元单价。

图3-6　细木工板图例

图3-7　各类刨花板图例

细木工板选购注意事项：

a. 细木工板分为一、二、三等。直接作饰面板的，应使用一等板，只作为底板用的，可用三等板；

b. 选表面平整，节子、夹皮少的板；

c. 侧面或锯开后的剖面，检查芯板的薄木质量和密实度；

d. 芯板的一面必须是一整张木板，另一面只允许有一道拼缝，另外，大芯板的表面必须干燥、光净；

e. 择细木工板时一定要选机拼板，不要选用手拼板；

f. 测其周边有无补胶、补腻子现象；

g. 用器具认真敲击表面，听其声音是否有较大差异，如果声音有变化，内部就有空洞；

h. 大批量购买时，应检查产品的检测报告及质量检验合格证等质量文件（见图3-6）。

③ 压缩板、刨花板（用刨花锯末压缩而成），又叫微粒板、蔗渣板，是由木材或其他木质纤维素材料制成的碎料，施加胶黏剂后在热力和压力作用下胶合成的人造板，又称碎料板。主要用于家具和建筑工业及火车、汽车车厢制造。刨花板按产品密度分为：低密度（0.25 ～ 0.45g/cm^3）、中密度（0.55 ～ 0.70g/cm^3）和高密度（0.75 ～ 1.3g/cm^3）3种，通常生产0.65 ～ 0.75g/cm^{3}密度的刨花板。按板坯结构分单层、三层（包括多层）和渐变结构。按耐水性分为室内耐水类和室外耐水类。按刨花在板坯内的排列分为定向型和随机型两种。此外，还有非木材材料如棉秆、麻秆、蔗渣、稻壳等所制成的刨花板，以及用无机胶黏材料制成的水泥木丝板、水泥刨花板等。刨花板的规格较多，厚度为1.6 ～ 75mm，以19mm为标准厚度，常用厚度为13mm、16mm、19mm 3种。

特点：材质均匀，各方向的材性相差小，厚度精度较高。质量较差时会分层，吸水厚度膨胀率较大，湿强度低。不易于钉钉子，怕水泡潮湿。

在物理性质方面有密度、含水率、吸水性、厚度膨胀率等；在力学性质方面有静力弯曲强度、垂直板面抗拉强度（内胶结强度）、握钉力、弹性模量和刚性模量等；在工艺性质方面有可切削性、可胶合性、油漆涂饰性等。对特殊用途的刨花板还要按不同的用途，分别考虑它的电学、声学、热学和防腐、防火及阻燃等性能。刨花板的生产方法按其板坯成型及热压工艺设备不同，分为平压法、挤压法和辊压法。平压法为间歇性生产，挤压法和辊压法是连续性生产。实际生产中以平压法为主（见图3-7）。

④ 密度板（用更大的压力加胶黏剂压缩，承压力大，用于做家具），[英文：high density board（wood）] 也称纤维板，是将木材、树枝等物体放在水中浸泡后经热磨、铺装、热压而成，是以木质纤维或其他植物纤维为原料，施加脲醛树脂或其他适用的胶黏剂制成的人造板材。由于其质软耐冲击，强度较高，压制好后密度均匀，也容易再加工，在国外是制作家具的一种良好材料，但缺点是防水性较差。中、高密度板，是将小口径木材打磨碎加胶在高温高压下压制而成，为现在所通用，而我国关于高密度板的标准比国际的标准低数倍，所以，密度板在我国的使用质量还有待提高（见图3-8）。

a. 密度板分类　按密度的不同，可分为高密度板、中密度板、低密度板（中密度板密度为

550 ～ 880kg/m³，高密度板密度≥880kg/m³）。常用规格有1220mm×2440mm和1525mm× 2440mm两种，厚度2.0 ～ 25mm。

b.密度板特性　虽然密度板的耐潮性、握钉力较差，螺钉旋紧后如果发生松动，不易再固定，但是密度板表面光滑平整、材质细密、性能稳定、边缘牢固、容易造型，避免了腐朽、虫蛀等问题，在抗弯曲强度和冲击强度方面，均优于刨花板，而且板材表面的装饰性极好，比之实木家具外观尤胜一筹。

图3-8　各类密度板图例

c.密度板用途　主要用于强化木地板、门板、隔墙、家具等，密度板在家装中主要用于混油工艺的表面处理；一般现在做家具用的都是中密度板，因为高密度板密度太高，很容易开裂，所以没有办法做家具。一般高密度板都是用来做室内外装潢、办公和民用家具、音响、车辆内部装饰，还可作为计算机房抗静电地板、护墙板、防盗门、墙板、隔板等的制作材料，它还是用于包装的良好材料。近年来更是作为基材用于制作强化木地板等。

图3-9　木结构骨架案例

中密度纤维板（MDF），按国家标准GB 11718—2009规定：以木质纤维或其他植物纤维为原料，经纤维制备，施加合成树脂，在加热加压条件下，压制成厚度不小于1.5mm，名义密度在0.65 ～ 0.80g/cm³范围内的板材。

高密度板比刨花板握钉力差，螺钉旋紧后如果发生松动，由于密度板的强度不高，很难再固定。而且，现在家具多使用高密度板，而劣质的高密度板家具中，甲醛的含量非常高，对人身体的危害也很大（见图3-9）。

二、面层材料

1.木材

种类：柳木、楠木、果树木（花梨）、白蜡、桦木（中性）。

特点：花纹明显，易变形受损。宜做家具，作贴面饰材，价格高。

2.装饰薄木

装饰薄木有几种分类方法。按厚度可分为普通薄木和微薄木，前者厚度在0.5 ～ 0.8mm，后者厚度小于0.8mm。按制造方法可分为旋切薄木、半圆旋切薄木、刨切刨木。按花纹可分为径向薄木、弦向薄木。最常见的是按结构形式分类，分为天然薄木、集成薄木和人造薄木（见图3-10）。

图3-10　装饰薄木图例

（1）天然薄木　天然薄木是采用珍贵树种，经过水热处理后刨切或半圆旋切而成的。它与集成薄木和人造薄木的区别在于木材未经分离和重组，加入其他如胶黏剂之类的成分，是名副其实的天然材料。此外，它对木材材质的要求高，往往是名贵木材。因此，天然薄木的市场价格一般高于其他两种薄木。

我国常用天然薄木的国产树种有：水曲柳、楸木、黄波罗、桦木、酸枣、花梨木、槁木、梭罗、麻栎、榉木、椿木、樟木、龙楠、梓木等。进口材有：柚木、榉木、桃花芯木、花梨木、红木、伊迪南、酸枝木、栓木、白芫、沙比利、枫木、白橡等。我国常用天然薄木树种的材色和花纹介绍如下。

① 水曲柳　环孔材，心材黄褐色至灰黄褐色，边材狭窄，黄白至浅黄褐色，具光泽，弦面具有生长轮形成的倒“V”形或山水状花纹，径面呈平行条纹，偶有波状纹，类似牡羊卷角状纹理。

② 酸枣　环孔材，心材浅肉红色至红褐色，边材黄褐色略灰，有光泽。弦面具有生长轮形成的倒“V”形或山水状花纹，径面则呈平行条纹。材色较水曲柳美观，花纹与之相类似。

③ 拟赤杨　散孔材，材色浅，调和一致，较美观。材色浅黄褐色或浅红褐色略白，具光泽。由生长轮引起的花纹略见或不明显。

④ 红豆杉　材色鲜明，心材色深，红褐至紫红褐色，或橘红褐色略黄，边材黄白或乳黄色，狭窄，具明显光泽，无特殊气味或滋味。生长轮常不规则，具伪年轮，旋切板板面由生长轮形成倒“V”形或山水状花纹，较美观。

⑤ 桦木　材色均匀淡雅，径面花纹好，材色黄白色至淡黄褐色，具有光泽。生长轮明显，常介以浅色薄壁组织带，射线宽，各个切面均易见。径面常由射线形成明显的片状或块状斑纹，即银光花纹，旋切板由生长轮引起的花纹亦可见。

⑥ 樟木　木材浅黄褐至浅黄褐色略红或略灰，紫樟、阴香樟、卵叶樟等为浅红褐至红褐色，光泽明显，尤其径面，新伐材常具明显樟木香气。花纹主要由生长轮引起，呈倒“V”形，仅卵叶樟具有由交错纹理引起的带状花纹。

⑦ 黄波罗　东北珍贵树种之一。花纹美观，材色深沉，心材深栗褐色或褐色略带微绿或灰，边材黄白色至浅黄色略灰。花纹主要由生长轮形成，弦面上呈倒“V”形花纹，径面上则呈平行条纹。

⑧ 麻栎　材色花纹甚美，心材栗黄褐色至暗黄褐或略具微绿色，久露大气则转深，有美丽的绢丝光泽。花纹主要因纹理交错，在径面形成深浅色相间的带状花纹，偶尔有因扭转纹或波状纹形成的琴背花纹。弦面具有倒“V”形花纹。

（2）集成薄木　集成薄木是将有一定花纹要求的木材先加工成规格几何体，然后将这些几何体需要胶合的表面涂胶，按设计要求组合，胶结成集成木方，集成木方再经刨切成为集成薄木。集成薄木对木材的质地有一定要求，图案的花色很多，色泽与花纹的变化依赖天然木材，自然真实。大多用于家具部件、木门等局部的装饰，一般幅面不大，但制作精细，图案比较复杂。

图3-11　木材结构会展案例

（3）人造薄木　天然薄木与集成薄木一般都需要珍贵木材或质量较高的木材，生产受到资源限制。因此，出现了以普通树种制造高级装饰薄木的人造薄木工艺技术。它是用普通树种的木材单板经染色、层压和模压后制成木方，再经刨切而成。人造薄木可仿制各种珍贵树种的天然花纹，甚至做到以假乱真的地步，当然也可制出天然木材没有的花纹图案（见图3-11）。

3. 木质人造板

图3-12　木质人造板应用案例

木质人造板是利用木材及其他植物原料，用机械方法将其分解成不同单元，经干燥、施胶、铺装、预压、热压、锯边、砂光等一系列工序加工而成的板材。迄今为止，木质人造板仍然是家具和室内装修中使用较多的材料之一。

常用木质人造板的种类与特点如下。

板材名称：三合板，三层1mm木板（或叫面板）交错叠加，常用于制作家具的侧板及饰面材料（花梨木、榉木是如此加工制作而成的）。规格1220mm× 2440mm/20 ～ 45元。

表面性能：胶合板，木材天然构造，对称、质地均匀，胶合板由于相邻层单板纹理互相垂直，吸湿或干燥时，相邻层单板相互牵制，故尺寸形状稳定性好。但是胶合板都是在热压条件下制成的，由于平面层上的基材厚度不均或铺装不匀，会产生压缩的不一致。这样，即使基材表面经过砂光，对厚度进行了调整，但是在湿胀或干缩时，由于各部分的压缩不均会造成表面凹凸不平（见图3-12）。

4. 华丽板和保丽板

华丽板和保丽板实际上是一种装饰纸贴面人造板。华丽板又称印花板，是将已涂有氨基树脂的花色装饰纸贴于胶合板基材上，或先将花色装饰纸贴于合板上，再涂布氨基树脂。保丽板则是先将装饰纸贴合在胶合板上后再涂布聚酯树脂。这两种板材曾是20世纪80年代流行的装饰材料，近些年虽然在大中城市用量大减，但在县城和部分地区仍有一定市场。该板材表面光亮，色泽绚丽，花色繁多，耐酸防潮，不足之处是表面不耐磨。

5. 镁铝合金贴面装饰板

这种装饰板以硬质纤维板或胶合板作基材，表面胶贴各种花色的镁铝合金薄板（厚度为0.12 ～ 0.2mm）。该板材可弯、可剪、可卷、可刨，加工性能好，可凹凸面转角，圆柱可平贴，施工方便，经久耐用，不褪色，用于室内装潢，能获得堂皇、美丽、豪华、高雅的装饰效果。

6. 树脂浸渍纸贴面装饰板

塑料装饰板除了用制造好的塑料装饰板贴面外，还可将装饰纸及其他辅助纸张经树脂浸渍后直接贴于基材上，经热压贴合而成装饰板，称作树脂浸渍纸贴面板。浸渍树脂有三聚氰胺、酚醛树脂、邻苯二甲酸二丙烯酯、聚酯树脂、鸟粪胺树脂等。

塑料装饰板、树脂浸渍纸贴面装饰板木纹真实，色泽鲜艳，耐磨、耐热、耐水、耐冲击、耐腐蚀，广泛用于建筑、车船、家具的装饰中。

7. 复合强化木地板

复合木地板在市场上的名称很多，按国家标准，它的正式学名应当是浸渍纸饰面层压木质地板。这种地板起源于欧洲，大约在1985年，森林工业发达的北欧国家瑞典和奥地利的人造板厂家合作研制和开发了世界上第一批复合强化木地板。由于复合木地板具有独特的性能，10多年来已风靡全球。1994年以来，复合强化木地板由国外大量涌入我国市场，迄今为止，包括国内的产品，复合木地板的品牌已近200个（见图3-13）。

（1）复合强化木地板的结构　复合强化木地板是多层结构地板，由于结构特殊，对各层的材料、性质和要求等分别介绍如下。

图3-13　各类复合强化木地板图例

① 表面耐磨层　表面耐磨层即图中的耐磨表层纸，地板的耐磨性主要取决于这层透明的耐磨纸。表层纸中含有三氧化二铝、碳化硅等高耐磨材料，其含量的高低与耐磨性成正比。

② 装饰层　装饰层实际上是电脑仿真制作的印刷装饰纸，一般印有仿珍贵树种的木纹或其他图案，纸张为精制木、棉浆经加工而成。

③ 缓冲层　缓冲层是使装饰层具有一定厚度和机械强度的结构层，一般为牛皮纸。

④ 人造板基材　复合木地板的基材主要有两种，一种是中、高密度的纤维板，一种是刨花形态特殊的刨花板。目前市场销售的复合木地板绝大多数以中、高密度的纤维板为基材。由于地板与其他装饰装修材料相比，使用条件相对恶劣，故对基材的耐潮性、变形性、抗压性等要求较高，基材的优劣在很大程度上决定了地板质量的高低。

⑤ 平衡层　复合木地板的底层是为了使板材在结构上对称以避免变形而采用的与表面装饰层平衡的纸张，此外，在安装后也起到了一定的防潮作用。具有较高的防湿防潮能力（见图3-14）。

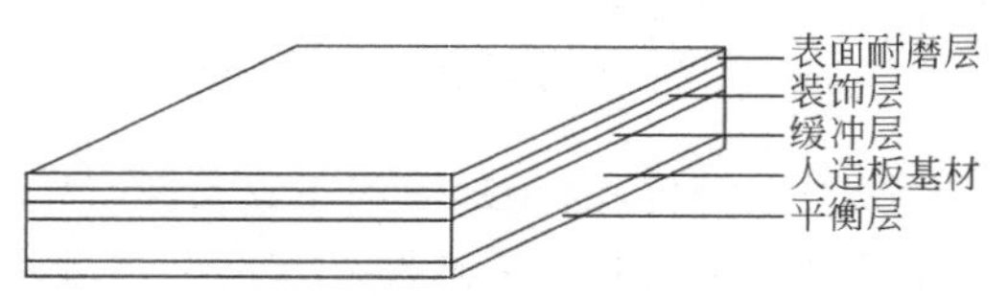

图3-14　复合强化木地板的结构

（2）复合木地板的特点

① 优良的物理力学性能　复合木地板首先是具有很高的耐磨性，表面耐磨耗能力为普通油漆木地板的10～30倍。其次是产品的内结合强度、表面胶合强度和冲击韧性等力学性能都较好。此外，复合木地板有良好的耐污染腐蚀、抗紫外线、耐香烟灼烧等性能。

② 有较大的规格尺寸且尺寸稳定性好　地板的流行趋势为大规格尺寸，而实木地板随规格尺寸的加大，其变形的可能性也加大。复合木地板采用了高标准的材料和合理的加工手段，具有较好的尺寸稳定性，室内温湿度引起的地板尺寸变化较小。对于建筑界开始采用的低温辐射地板采暖系统，复合强化木地板是较适合的地板材料之一（见图3-15）。

图3-15　有较大规格尺寸的复合强化木地板

图3-16 复合强化木地板应用案例

③ 安装简便，维护保养简单 地板采用泡沫隔离缓冲层悬浮铺设方法，施工简单，效率高。平时可用清扫、拖抹等方法维护保养，十分方便。

（3）复合木地板的缺点 复合强化木地板也有一些不足之处应当引起注意。首先是地板的脚感或质感不如实木地板，其次是基材和各层间的胶合不良时，使用中会脱胶分层而无法修复。此外，地板中所含胶合剂较多，游离甲醛释放污染室内环境也要引起高度重视（见图3-16）。

8.实木地板

图3-17 实木地板图例

实木地板（又叫原木地板）具有无污染、花纹自然、典雅应重、富质感性、弹性真实等优点，是目前家庭装潢中地板铺设的首选材料。它的缺点是不耐磨，易失光泽。

实木地板有红榉木、柚木、金象牙、柞木、水曲柳、樱桃木、枫木等多种。柚木主要产于东南亚的缅甸和泰国，木材黄褐色至深褐色，弦面常有深黑色条纹，表面触之有油性感觉，木材具有光泽，新切面带有皮革气味，是名贵的地板用材。柞木主要产于我国的长白山及东北地区，木材呈浅黄色，纹理较直，弦面具有银光花纹，木质细密硬重，干缩性小，较适宜工薪阶层选用。水曲柳主要产于我国的长白山区，材料性能较佳，颜色呈黄白色至灰褐色，木质结构从中至粗，纹理较直，弦面有漂亮的山水图案花纹，光泽强，略具蜡质感（见图3-17）。

选择实木地板时，对地板的选择，消费者存在较多误区，比如说消费者普遍认为实木地板比复合地板好，这个观点就值得商榷。实木地板对树种和树龄的要求都很严格，速生树种是不能用来做实木地板的，一般而言，用来制造实木地板的树木的树龄都在80岁以上，砍伐一棵就少一片绿色，长此以往，必将影响地球上的生态环境。消费者在选择实木地板时也非常挑剔，既要求无色差，又要求无疤节。实木地板是天然材料，树在生长过程当中由于受环境的影响而有点色差是完全正常的，产生疤节更是正常现象，因为树要分杈，分杈的地方就有疤节。

现在，很多实木地板经销商都在鼓吹没有色差、没有疤节，这是在误导消费者，实木地板没有色差是不可能的。目前，国外一些消费者在购买实木地板时更愿意挑选有一些色差、带一些疤节的，因为他们觉得这才是天然的。

9.防火板

防火板是采用硅质材料或钙质材料为主要原料，与一定比例的纤维材料、轻质骨料、黏合剂和化学添加剂混合，经蒸压技术制成的装饰板材，是目前越来越多使用的一种新型材料，其使用不仅仅是因为防火的因素。防火板的施工对于粘贴胶水的要求比较高，质量较好的防火板价格比装饰面板要贵。防火板的厚度一般为0.8mm、1mm和1.2mm。因为防火板是经过三聚氰胺与酚醛树脂的浸渍工艺，经高温高压成型，里面有塑料的成分，详见塑料章节的论述。

10.三聚氰胺板

三聚氰胺板，全称是三聚氰胺浸渍胶膜纸饰面人造板。是将带有不同颜色或纹理的纸放入

图3-18　三聚氰胺板图例

图3-19　会展应用三聚氰胺板实例

三聚氰胺树脂胶黏剂中浸泡，然后干燥到一定固化程度，将其铺装在刨花板、密度纤维板或硬质纤维板表面，经热压而成。

三聚氰胺板最初是用来制作电脑桌等办公家具的，多为单色板，随着家庭中板式家具的流行，它逐渐成为各家具厂首选的制造材料，表面色彩和花纹也更多。目前市场上的板式家具采用进口和国产两种板材。现在三聚氰胺板多用作会展行业中的可以循环利用的一种墙面装饰材料，目前在一些展览行业开始用三聚氰胺板代替复合地板用于地面装饰，由于其防滑、平整、易安装的优点逐渐得到了展览业客户的青睐。

三聚氰胺是制造此种板材的一种树脂胶黏剂，三聚氰胺板是带有不同颜色或纹理的纸在树脂中浸泡后，干燥到一定固化程度，将其铺装在刨花板、中密度纤维板或硬质纤维板表面，经热压而成的装饰板，规范的名称是三聚氰胺浸渍胶膜纸饰面人造板，称其三聚氰胺板实际上是说出了它的饰面成分的一部分（见图3-18）。

① 三聚氰胺板基材有差别。目前市场上面向家庭出售的三聚氰胺板式家具多以中密度板和刨花板为基材，相比之下，中密度板的性能优于后者。中密度板内部结构均匀，结合力大于刨花板，变形小，表面平整度好，握钉力强。因此，用中密度板作基材的三聚氰胺板更坚固耐用，更能发挥板式家具抵御拼装的特点。刨花板的质地相对疏松，握钉力差，较前者造价低。

② 三聚氰胺板也有甲醛释放量问题。无论何种板材，在制造过程中都必不可少地使用胶，因此成型后的板材会释放游离甲醛，但在一定浓度之下是对人体无害的，消费者在认清了板材品质的同时，最应关注的是家具所使用板材的甲醛释放量。

根据国家标准，每100g刨花板的甲醛释放量应小于或等于30mg；E1级中密度板每100g中，甲醛释放量小于或等于9mg；E2级中密度板中，甲醛释放量在9～40mg之间。也就是说，甲醛释放量高于上述标准的板式家具，不宜购买。消费者可以要求商家出具家具基材的检测报告，以鉴别此项指标是否符合要求（见图3-19）。

11.澳松板

澳松板（学称定向结构刨花板），澳松板是一种进口的中密度板，是大芯板、欧松板的替代升级产品，特性是更加环保。澳松板用辐射松原木制成，辐射松是以可持续发展为基础，从毗邻Wangaratta木材厂的阿尔卑斯地区针叶林场采伐的。主要使用原生林树木，能够更直接地确保所用纤维线的连续性。

（1）澳松板的特性　澳松板具有很高的内部结合强度，每张板的板面均经过高精度的砂光，确保一流的光洁度。不但板材表面具有天然木材的强度和各种优点，同时又避免了天然木材的缺陷，是胶合板的升级换代产品；澳松板从开采到出产品，在一周内完成。使用林场的“新鲜”木材，就能排除“蓝变”问题。此外，通过加工原木，能够控制所产的木片大小，从而使后来生产过程中纤维的精加工更加一致。加工整根原木的另外一个益处是能够控制去皮过程。本片规格允许的最大树皮含量会达到0.2%，平时都能达到0.1%。其他大多数厂家，树皮含量会达到1.0%。树木含有60%左右的水分。从纤维中除去水分，对成品的稳定性至关重要。湿度太高，产品会膨胀；湿度太低，产品会收缩。

总体而言，澳松板的湿度含量在6%～9%之间，生产规格允许厚度有0.2mm的差异，直线膨胀允许1mm。控制湿度对确保压制过程中的传热性能良好也十分重要。热量对板材中的湿度发生反应，产生蒸汽，确保了热量传输至板材的核心部分。良好的传热性能就意味着树脂焙烧良好，内部胶结等物理性能优良；澳松板通过的认证即澳大利亚、新西兰、日本联合认证。同时环保效果很好（见图3-20）。

图3-20　澳松板雕花应用实例

（2）澳松板的缺点　澳松板的缺点是不容易吃普通钉，欧松板和澳松板都有这个问题，主要是由于国外木器加工大多用螺丝钉而不是大钉，这是为了便于拆卸，拆卸后不会损坏板材，再利用价值高（传统大芯板用凿钉锤进去的，拆掉后就基本废了），所以从这个角度看，不能简单地说澳松板不吃钉，实际上它对螺丝钉的握钉效果很好，但对锤子凿进的大钉握钉性能一般。所以建议多使用螺丝钉的方式安装，比锤子砸大钉要好很多。

（3）澳松板的应用　澳松板一般被广泛用于装饰、家具、建筑、包装等行业，其硬度大，适合做衣柜，书柜不会变形（甚至地板），承重好，防火防潮性能优于传统大芯板，材料非常环保。

在会展工程中，这种材料往往用于特殊造型的雕刻及局部的饰面材料，由于其具有稳定的性能，逐步得到了工程施工人员的青睐。

此外，这种板材结疤和不平的现象也较多，小洞小坑在北方容易积灰产生细菌，所以建议在做漆前，让工人抹一遍调过色的灰（针对夸张板材），或上几遍透明腻子（针对细微坑洞板材）。总体上，这种板子比较贵，但很环保，作为家具材料还是值得的，有助于健康。小的缺点比起传统大芯板还是具有明显优势，这个在使用时注意工艺即可（见图3-21）。

图3-21　澳松板的会展应用案例

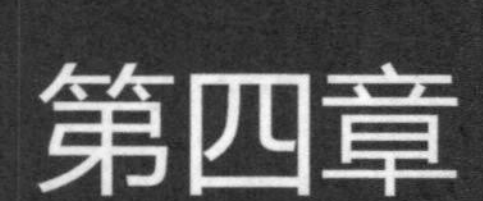

第四章 会展工程塑料材料

塑料是人造的或天然的高分子有机化合物，如以合成树脂、天然树脂橡胶、纤维素酯或醚、沥青等为主的有机合成材料。这种材料在一定的高温和高压下具有流动性，可塑制成各式制品，且在常温、常压下制品能保持其形状不变。塑料有质量轻，成型工艺简便，物理、机械性能良好，并有抗腐蚀性和电绝缘性等特征。缺点是耐热性和刚性比较低；长期暴露于大气中会出现老化现象。

常用的塑料有以下几种：① 硬聚氯乙烯（PVC）；② 低压聚乙烯（LDPE）；③ 聚丙烯（PP）；④ 尼龙66；⑤ 聚四氟乙烯（PTFE）；⑥ 玻璃钢等。

第一节　塑料的基本认识

高分子聚合物或高聚物是由千万个原子彼此以共价键联结的大分子化合物，是塑料、橡胶，纤维等非金属材料的总称。高分子材料的基本特点是可分割性、具有弹性、具有可塑性和绝缘性。

一、塑料的基本特性

展示设计对造型材料的要求是能够自由成型或加工，并能够充分发挥材料的特性，作为人工合成开发的塑料恰好能够满足这些需求。虽然由于塑料的种类繁多，但是与其他材料相比，塑料具有良好的综合性特点。

1. 塑料的优点

① 优良的加工性能，成型加工方便，能大批量生产。

② 塑料质轻，与木材相近。

③ 比强度高（强度与密度的比值），接近或超过钢材，是一种优良的轻质高强材料。

④ 热导率小，是理想的绝热材料。

⑤ 具有出色的装饰性能，多数材料具有透明性并富有光泽，能附着鲜艳色彩。

⑥ 有优异的电绝缘性。

⑦ 化学稳定性好，耐磨、耐腐蚀。

⑧ 可设计性强，可制成具有多种性能的工程材料（见图4-1）。

2.塑料的缺点

（1）易老化　塑料制品的老化是指制品在阳光、空气、热及环境介质中如酸、碱、盐等作用下，分子结构产生递变，增塑剂等组分挥发，化合键产生断裂，从而造成机械性能变坏，甚至发生硬脆、破坏等现象。通过配方和加工技术等的改进，塑料制品的使用寿命可以大大延长，例如塑料管至少可使用20 ～ 30年，最高可达50年，比铸铁管使用寿命还长。又如德国的塑料门窗实际应用30多年，仍完好无损。

（2）易燃　塑料不仅可燃，而且在燃烧时发烟量大，甚至产生有毒气体。但通过改进配方，如加入阻燃剂、无机填料等，也可制成自熄、难燃的甚至不燃的产品。不过其防火性能仍比无机材料差，在使用中应予以注意。在建筑物某些容易蔓延火焰的部位可考虑不使用塑料制品。

（3）耐热性差　塑料一般都具有受热变形，甚至会产生分解的问题，在使用中要注意其限制温度。

（4）刚度小　塑料是一种黏弹性材料，弹性模量低，只有钢材的1/20 ～ 1/10，且在荷载的长期作用下易产生蠕变，即随着时间的延续变形增大。而且温度愈高，变形增大愈快。因此，用作承重结构时应慎重。但塑料中的纤维增强等复合材料以及某些高性能的工程塑料，其强度大大提高，甚至可超过钢材。

低分子化合物有三态：固态、液态、气态。而热塑性塑料是高分子化合物，它的分子量比一般的低分子化合物要高很多倍甚至几千倍以上。因此它的分子运动规律就大不相同。在结晶性聚合物中，从固态到液态中转化是突然转化而易于辨别。在非结晶性聚合物中，这种转化不是突然的又不很明显，它是在宽广的温度范围内转化的（见图4-2）。

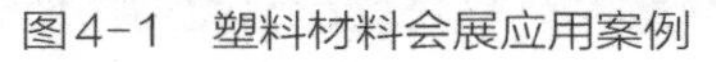
图4-1　塑料材料会展应用案例

图4-2　塑料材料会展现场应用

二、塑料的力学状态

随温度的变化，高分子聚合物会呈现不同的力学状态。在应用上，材料的耐热性、耐寒性有着重要的意义，而热性能取决于大分子的分子结构及聚集态的结构。在聚合物中，由于分子结构链段热运动程度的不同，一般可出现三种不同的力学状态：玻璃态、高弹态和黏流态。

玻璃化温度：常温时具有一定的刚性而且尺寸稳定，可作为结构材料，这时称之为玻璃态。当温度上升到玻璃化温度T_g时，塑料便具有像橡胶一样的弹性，此时称之为高弹态；当温度上升到黏流温度T_f时，塑料便有自由流动状态，此时叫它黏流态，T_g与T_f称为转化点或叫转化温度。对结晶型塑料来说，当温度上升到塑料能自由流动呈液态时的温度称为熔点T_m，塑料二次加工时，须将塑料加热到高弹态，而三大成型（挤出、注塑、压延）中须将塑料加热到黏流态。

三、塑料的形态类型

图4-3 各类塑料材料应用于会展现场

塑料按制品的形态可分为以下几种。

① 薄膜制品：主要用作壁纸、印刷饰面薄膜、防水材料及隔离层等。

② 薄板：装饰板材、门面板、铺地板、彩色有机玻璃等。

③ 异型板材：玻璃钢屋面板、内外墙板等。

④ 管材：主要用作给排水管道系统。

⑤ 异型管材：主要用作塑料门窗及楼梯扶手等。

⑥ 泡沫塑料：主要用作绝热材料。

⑦ 模制品：主要用作建筑五金、卫生洁具及管道配件。

⑧ 复合板材：主要用作墙体、屋面、吊顶材料。

⑨ 盒子结构：主要由塑料部件及装饰面层组合而成，用作卫生间、厨房或移动式房屋。

⑩ 溶液或乳液：主要用作胶黏剂、建筑涂料等（见图4-3）。

第二节 塑料的加工工艺特性

塑料的工艺特性实质，是以塑料为原材料转变成塑料制品的工艺特性，即材料的成型加工性。塑料加工工艺大致可以分为三种：处于玻璃状态的塑料可以采用车、铣、钻、刨等机械加工法和电镀、喷涂等表面处理方法；当塑料处于高弹状态时，可采用热压、弯曲、真空成型等加工方法；当塑料加热到黏流态时，可进行注射成型、挤出成型、吹塑成型等方法加工。

一、塑料成型工艺

塑料成型是将不同的形态（粉状、粒状、溶液状或分散）的塑料原材料按不同的方式制成所需形状的坯件，是塑料制品生产的关键环节。主要的加工工艺方法有注射成型、挤出成型、压制成型、吹塑成型等。

1.注射成型

又称为注塑成型，是热塑性塑料的主要成型方法之一。注射成型有许多优点，如能够一次成型出外形复杂、尺寸精确的制品，可以极方便地利用一套模具批量生产尺寸、形状、色彩、性能完全相同的产品。而且生成性能好，成型周期短等。

2.挤出成型

也称挤塑成型，主要适合热塑性塑料成型，也适合一部分流动性较好的热固性塑料成型和增强塑料成型。挤出成型工艺是塑料加工工业中应用最早的、用途最广、适用性最好的成型方法。与其他成型方法相比，挤出成型具有突出的优点，设备成本低、操作简单、工艺过程容易控制，便于实现连续化自动生产，产品质量均匀、致密。挤出成型加工的塑料制品，主要是连续的型材制品，如薄膜、管、板、片、棒、单丝、网、复合材料、中空材料等。

3.压制成型

主要用于热固性塑料制品的生产，有压膜法和层压法两种。压制成型的特点是制品尺寸范围宽、表面整洁、光洁，制品收缩率小、变形小，各项性能较均匀；对于不能成型结构和外形过于复杂、金属嵌件较多、壁厚相差较大的塑料制件，成型周期长，生产效率不高（见图4-4）。

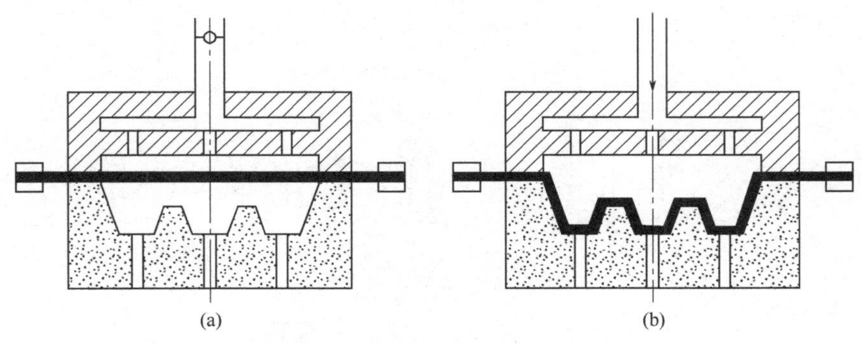

图4-4　塑料压制成型工艺图解

4.吹塑成型

吹塑成型是用挤出、注射等方法制出管状型坯，然后将压缩空气通入处于热塑状态的型坯内腔中，使其膨胀成为所需的塑料制品。吹塑成型分为薄膜吹塑成型和中空吹塑成型，用于制造塑料薄膜、中空塑料制品等（见图4-5）。

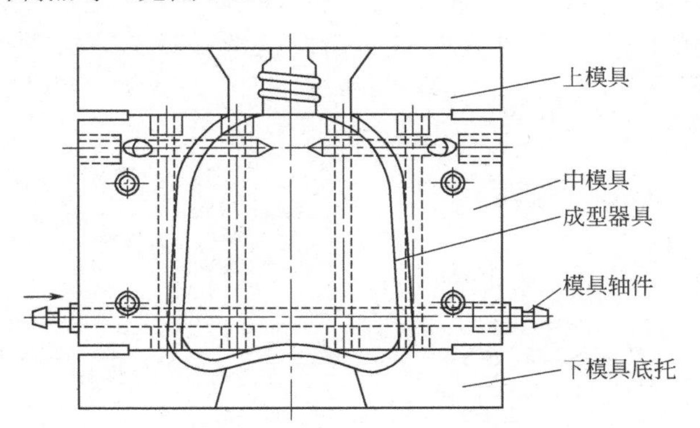

图4-5　塑料吹塑成型工艺分解

二、塑料的二次成型工艺

塑料的二次成型工艺是采用机械加工、热成型、表面处理、连接等工艺将第一次成型的塑料板材、管材、棒材、片材等加工制作成所需要的制品，主要的工艺方法有：机械加工工艺、热成型工艺、连接工艺、表面处理工艺等。

1. 塑料的机械加工工艺

塑料机械加工工艺包括锯、切、铣、磨、刨、钻、喷沙、抛光、螺纹工艺等。

塑料的机械加工和金属材料的加工工艺方法基本类似，可沿用金属材料加工的切削设备工具。在加工时需要注意的问题是：塑料的热性能较差，加工时温度过高会导致其出现熔化变形、表面粗糙、尺寸误差大等问题（见图4-6）。

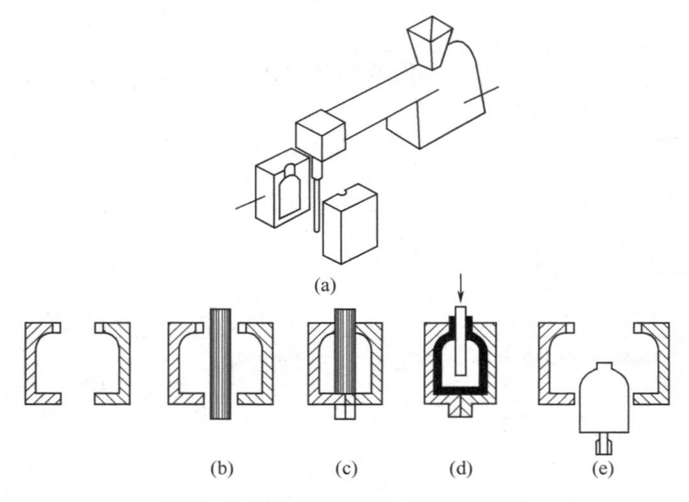

图4-6 塑料的机械加工工艺流程

2. 塑料的热成型工艺

塑料的热成型工艺是将塑料管材（板材、棒材）等加以软化进行成型的加工方法。根据使用的模具，可以分为无模成型、刚模成型、阴模成型和对模成型等。

主要的成型方法有模压成型和真空成型。模压成型的方法适用范围广，多用于热塑性塑料和热塑性复合材料的成型。真空成型又称为真空抽吸成型，是将加热的塑料薄片或薄板置于带有小孔的模具上，四周固定密封后抽取真空，片材被吸附在模具的模壁上而成型，脱模后即成型。真空成型的成型速度快、操作容易，但是后期加工较为麻烦。多用来生产装饰材料、艺术品、电器外壳和日用品等（见图4-7）。

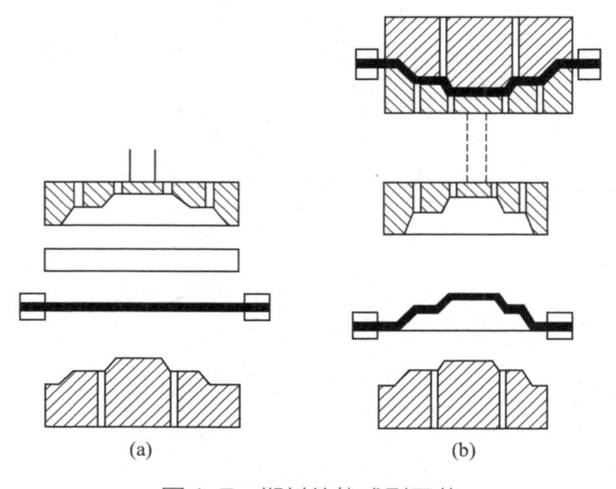

图4-7 塑料的热成型工艺

3.塑料的连接工艺

塑料的连接包括焊接、机械连接、溶剂粘接、胶粘接等。塑料与金属、塑料与塑料或其他材料进行连接时，除了一般使用机械连接外，还有热熔粘连、溶剂粘连、胶黏剂粘连等方法。塑料的焊接又称为热熔粘连，是热塑性塑料进行连接的基本方法。利用热作用，使塑料连接处发生熔融，并在压力下连接在一起。常采用的焊接方法有热风焊接、热对挤焊接、超声波焊接、摩擦焊接等。溶剂粘连是利用有机溶剂（如丙酮、二氯甲烷、二甲苯等）将需要粘连的塑料表面溶解或膨胀，通过加压粘连在一起，形成牢固的接头。一般的可溶性塑料都可以采用溶剂粘连，ABS、聚氯乙烯、有机玻璃、聚苯乙烯、纤维素塑料等热性能较好的塑料多采用胶黏剂粘连。热固性较好的塑料则不适合用胶黏剂粘连。

4.塑料的表面处理工艺

塑料的表面处理工艺主要包括镀饰、涂饰、印刷、烫印、压花、彩饰等。涂饰主要是为了防止塑料老化，提高塑料制品的耐化学药品与耐溶剂的能力，以及装饰着色，获得不同的表面肌理。镀饰是塑料进行二次加工的重要工艺之一，它能改善塑料表面的性能，达到防挤压、装饰和美化的目的。烫印是利用刻有图案或花纹的热模，在一定压力下，将烫印材料上的彩色锡箔转移到塑料制品的表面，从而获得图案或文字。

第三节　常用的展示塑料材料

目前，用于展览的塑料制品很多，几乎遍及展览和室内装饰的各个部位，最常见的有塑料地板、铺地卷材、塑料地毯、塑料装饰板、塑料墙纸、塑料门窗型材、塑料管材等。

一、塑料墙纸

塑料墙纸是以一定材料为基材，在其表面进行涂塑后再经过印花、压花或发泡处理等多种工艺而制成的一种墙面装饰材料。

塑料墙纸是20世纪50年代发展起来的装饰材料，产品种类不断增加，产量逐年提高，已成为内墙装饰较广泛的材料之一。我国于20世纪70年代开始试制塑料墙纸，目前已发展成具有一定规模的塑料墙纸工业。墙纸的应用也正在我国迅速普及，促使墙纸的产量与花色品种不断增加。

塑料墙纸可分为印花墙纸、压花墙纸、发泡墙纸、特种墙纸、塑料墙布五大类，每一类有几个品种，每一品种又有几十其至几百种花色（见图4-8）。

图4-8　塑料墙纸的应用案例

1.塑料墙纸的原料与生产工艺

（1）原料

① 基本塑料原料　如前所述，塑料墙纸需用树脂及其他辅助原料制造。树脂主要为PVC，为便于加工，一般用低分子量PVC，辅助原料中，制作发泡墙纸时需加入发泡剂。

② 底纸　作为塑料墙纸的底纸，要求

能耐热、不卷曲，有一定强度，一般为80～100g/m^{2}的纸张。

（2）生产工艺简介　塑料墙纸的生产工艺一般分为两步。第一步在底层纸（或布）上复合一层塑料。复合的方法有四种。第一种是用压延法使压延薄膜与底纸在压延机后直接加压复合。第二种是涂布法，涂布料有两种，一种是乳液涂布，如氯醋乳液；另一种是PVC糊。第三种是间接复合，即用复合机复合。第四种是挤出复合，即使底纸与从平板机头挤出的薄膜复合。其中最常用的是压延法和涂布法。

第二步是对复合好的墙纸半成品进行表面加工，包括印花、压花、印花压花、发泡压花等。

有时，此两步可在一台机组上完成，如在涂布机组上直接压花得到压花墙纸（见图4-9）。

2. 塑料墙纸的特点

（1）装饰效果好　由于塑料墙纸表面可进行印花、压花及发泡处理，因此能仿天然石纹、木纹及锦缎，达到以假乱真的地步，并通过精心设计，印制适合各种环境的花纹图案，几乎不受限制。色彩也可任意调配，做到自然流畅，清淡高雅。

（2）性能优越　根据需要可加工成具有难燃隔热、吸声、防霉，且不容易结露，不怕水洗，不易受机械损伤的产品。

（3）适合大规模生产　塑料墙纸的加工性能良好，可进行工业化连续生产。

（4）粘贴施工方便　纸基的塑料墙纸，可用普通107胶黏剂或乳白胶粘贴，且透气性好。

（5）使用寿命长、易维修保养　塑料墙纸表面可擦洗，对酸碱有较强的抵抗能力。如北京饭店新楼使用的印花涂塑墙纸经人工老化500h，墙纸无异常（见图4-10）。

图4-9　塑料墙纸的花色

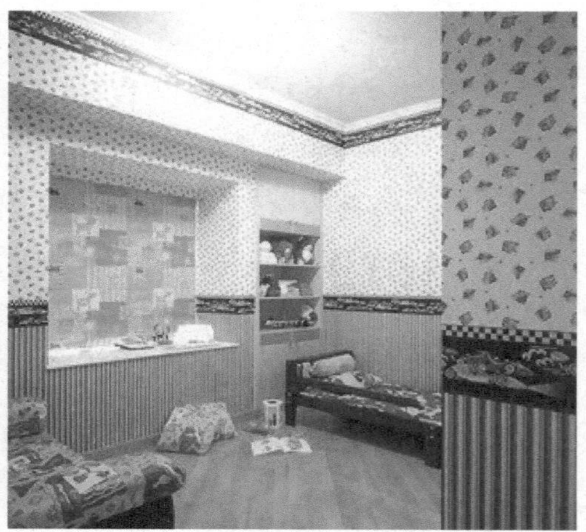

图4-10　塑料墙纸应用效果

3. 常用塑料墙纸

（1）普通壁纸　普通壁纸是以80～100g/m^{2}的纸作基材，涂塑100g/m^{2}左右的聚氯乙烯糊，经印花、压花而成。这类墙纸又分单色压花、印花压花和有光印花、平光印花几种，花色品种多，适用面广，价格也低，是民用住宅和公共建筑墙面装饰应用最普遍的一种壁纸。

（2）发泡壁纸　发泡壁纸是以100g/m^{2}的纸作基材，涂塑30～100g/m^{2}掺有发泡剂的PVC糊，印花后再加热发泡而成。这类壁纸有高发泡印花、低发泡印花、低发泡印花压花等几个品种。高发泡壁纸的发泡倍数大，表面呈富有弹性的凹凸花纹，是一种装饰兼吸声的多功能墙纸，常用于歌剧院、会议室住房的天花板装饰。低发泡印花壁纸，是在掺有适量发泡剂的PVC糊涂层的表面印有图案或花纹，通过采用含有抑制发泡作用的油墨，使表面形成具有不同色彩的凹凸花纹图案，又叫化学浮雕。这种壁纸的图案逼真，立体感强，装饰效果好，并有一定的弹性。

适用于室内墙裙客厅和内走廊装饰。

还有一种仿砖、石面的深浮雕型壁纸，其凹凸高度可达25mm，为采用座模压制而成。只适用于室内墙面装饰。

（3）特种壁纸　特种壁纸，是指具有耐水、防火和特殊装饰效果的壁纸品种。耐水壁纸是用玻璃纤维毡作基材，在PVC涂塑材料中，配以具有耐水性的胶黏剂，以适应卫生间、浴室等墙面的装饰要求。防火墙纸是用100～200g/m^{2}的石棉纸作基材，并在PVC涂塑材料中掺有阻燃剂，使墙纸具有一定的阻燃防火功能，适用于防火要求很高的建筑。所谓特殊装饰效果的彩色砂粒壁纸，是在基材上散布彩色砂粒，再涂黏结剂，使表面呈砂黏毛面，可用于门厅、柱头、走廊等局部装饰。

4.壁纸的规格

一般有以下三种。

① 幅宽530～600mm，长10～12m，每卷为5～6m^{2}的窄幅小卷。

② 幅宽760～900mm，长25～50m，每卷为20～45m^{2}的中幅中卷。

③ 幅宽920～1200mm，长50m，每卷46～90m^{2}的宽幅大卷。

小卷壁纸是生产最多的一种规格，它施工方便，选购数量和花色灵活，比较适合民用，一般用户可自行粘贴。中卷、大卷粘贴工效高，接缝少，适合公共建筑，由专业人员粘贴（见图4-11）。

二、波音装饰软片

它是用云母、珍珠粉及PVC为主要原料，经特殊精制加工而成的装饰材料。所用印刷颜料的耐晒等级达7～8级，图案丰富、清晰，层次感好，犹如天然生出，无环境污染，表面硬度高，有良好的耐磨性，有良好的抗污染、抗腐蚀性，有良好的抗老化性，无需另用黏合材料，可直接与金属材料黏合且黏合牢固。

此材料实质是PVC塑料吹膜成型，通过吹膜机及模头来控制宽度和厚度。目前多数采用0.18～0.22mm的厚度来做板材表面贴覆。波音软片表面纹理图案是经过模压工艺成型的，另外，它同时涂布不干胶胶水。其特点是成本低，使用方便，缺点是材料成型中因温度变化原因，导致调色困难，每批次都有差异。由于PVC属阻燃材料，故波音软片贴合后也起到表面阻燃作用，适应于建材产品。缺点是因涂布胶水时个别油迹使胶水脱胶，粘力不好，容易起泡，表面硬度较差。因此，波音软片工厂的生产环境决定了产品质量。

波音软片根据花纹不同，又可分为木纹、素色、珠光、大理石、金银拉丝、PVC印花贴，有背胶和不背胶两种，厚度可从0.08到0.60mm供你选择（见图4-12）。

图4-11　壁纸实际应用效果

图4-12　波音软片的种类

1.特性

① 具有色泽艳丽、色彩丰富、经久耐用不褪色、无色差、施工简单、可自带背胶之特点，用波音软片处理的实物表面，可长期擦洗，保持表面干净。

② 具有较好的弯曲性能，可承受各种弯曲。在施工过程中，在贴好波音软片后，可以刨、修边，也可以锯，波音软片都完好无损。

③ 耐冲击性好，为木材的40倍，耐磨性优越。

④ 耐湿性好，在20% ～ 70%湿度内，尺寸稳定性极佳。

⑤ 抗酸碱、耐腐蚀性能好，具有耐一般稀释剂、化学药品腐蚀的能力。

⑥ 耐污、耐热性好，具有良好的阻燃性能。

2.用途

适用于各种壁材、石膏板、人造板、金属板等基材上的粘贴装饰。

3.施工工艺要求

① 对铺贴基层要求很高，基层要平整，不得有坑坑洼洼或者凸出物。

② 铺贴不得有空鼓、气泡之类现象，贴完不得脱胶。

③ 墙纸铺贴需要有合理的收边，否则容易造成边角鼓翘的问题。

④ 波音软片分带胶和不带胶两种，胶水必须环保，同时具备良好的粘接力和施工性。

⑤ 波音软片毕竟是厚0.08 ～ 0.60mm的纸，没有一定的强度很容易破损，不易修复。

经过波音软片装饰后板材可制作家具、音箱、镜柜、塑料扣板、塑钢门窗、铝合金门窗、扶手。它具有美丽的纹理、自然舒适的感官享受、浑然天成的效果，深受业内设计师和装修施工师傅的青睐，更重要的是获得了用户的一致好评，在今后的一段时间内必将取代金属、板材等室内装饰材料成为装饰界的新宠，市场上各种版面均有相似的色彩、花式，客户可根据自己的喜好择用，而且其宽度为1.22m与多数板材尺寸基本一致，使用中一般损耗较低（见图4-13）。

三、塑料软膜天花

塑料软膜天花——简称软膜天花（又名：天花软膜、弹力膜），在19世纪始创于瑞士，然后经法国人Farmland SCHERRER（费兰德·斯科尔）先生1967年继续研究完善并成功推广到欧洲及美洲国家的天花市场。1995年引入中国，以后逐步在市场流行。这是一种近年来被广泛使用的室内及会展工程装饰材料，已日趋成为吊顶的首选材料（见图4-14）。

图4-13 波音软片在会展现场的应用案例

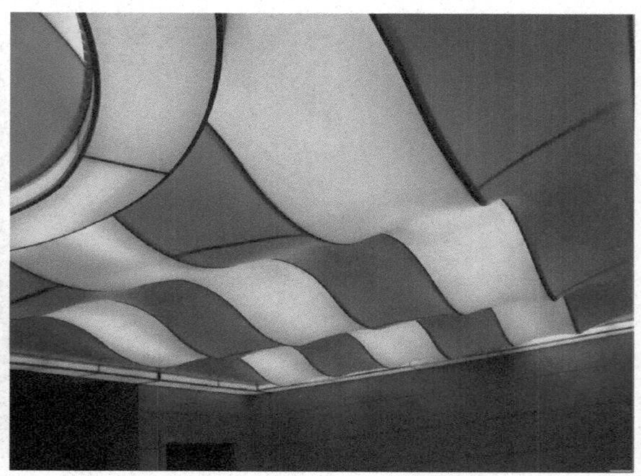

图4-14 软膜天花工装使用效果案例

软膜采用特殊的聚氯乙烯材料制成，0.18 ～ 0.2mm，每平方米重180 ～ 320g。在实际工程使用中，需要在实地测量出使用天花材料的尺寸，在工厂里制作完成。软膜尺寸的稳定性在-15 ～ 45℃。透光膜天花可配合各种灯光系统（如霓虹灯、荧光灯、LED灯）营造梦幻般、无影的室内灯光效果。软膜天花摒弃了玻璃或有机玻璃的笨重，危险以及小块拼装的缺点，已逐步成为新的装饰亮点，并成为现代会展工程中常用的材料之一。

（一）软膜天花的特性

1.防火功能

软膜天花的防火标准B1级，已经符合多个国家的防火标准。一般建材（如木材、石膏板等）当受到高温或燃烧后都会将火和热蔓延至其他位置。软膜天花遇到火后，只会自身熔穿，并且于数秒钟之内自行收缩，直至离开火源并自动停止，不会释放出有毒气体或溶液伤及人体和财物。

2.节能功能

软膜天花的表面是依照电影银幕而制造，这种设计目的正是要将灯光的折射度增强，在工程照明应用中，可以减少灯源数量。

3.安全环保

软膜天花由环保性原料制成，不含镉、铅、乙醇等有害物质，无有毒物质释放，可100%回收。在制造、运输、安装、使用和回收过程中不会对环境产生任何影响，能达到欧洲及国内各项检测标准，符合当今社会的环保主题。

4.方便安装

软膜天花可直接安装在墙壁、木方、钢架等结构上，适合于各种建筑结构。在使用时，软膜龙骨只需要螺丝钉按照一定的间距均匀固定即可，安装十分方便。在安装过程中，不会有溶剂挥发、不落尘、不影响正常的生产工作生活秩序。

5.抗老化功能

软膜的主要构造成分是PVC，制造过程经过了特殊抗老化处理，一般使用寿命均在十年以上，在正确的安装使用过程中不会产生裂纹、脱色小片脱落等现象。

6.色彩丰富

软膜天花有8种类型可供选择，如哑光面、光面、绒面、金属面、孔面和透光面等。有上百种色彩可供选择，适合各种场合的设计要求。

7.理想的声学效果

经有关专业检测机构的相关检测，证明软膜天花对中、低频音有良好的吸音效果，能有效地改进室内音色效果，是理想的隔音装饰材料。

8.防菌功能

软膜天花在出厂前已预先混合一种称为BIO-PRUF之抗菌处理，经此特别处理后的材料可以有效抑制金黄葡萄球菌，肺炎杆菌等多种致病菌，同时经过防霉处理，可以有效防止微生物（如一般发霉菌）生长于物体表面上，尤其适合医院、学校、游泳池、婴儿房、卫生间等工程需要。

（二）软膜天花的类型及用途

1. 软膜天花的类型

① 光面膜：有很强的光感，能产生类似镜面的反射效果，如在水域区使用能显现出神奇的水波纹效果。

② 透光膜：本品呈乳白色，半透明。在封闭的空间内透光率为75%，能产生完美，独特的灯光装饰效果。

③ 缎光膜：光感仅次于光面，整体效果纯净，高档。如在封闭空间内也达到50%透光效果。

④ 鲸皮面：表面呈绒毛状，整体效果高档、华丽，有优异的吸音性能，能营造出温馨舒适的效果。

⑤ 金属面：具有强烈的金属质感，并能产生金属光感，具有很强的观赏效果。

⑥ 基本膜：软膜中最早期的一种类型，其材质细腻，呈暗哑光状态，整体效果雅致美观。可代替其他传统天花大面积整体使用。

⑦ 冲孔面：有ϕ1mm、ϕ4mm、ϕ10mm等多种孔径供选择。透气性能好，有助室内空气流通，并且小孔可按要求排列成所需的图案，具有很强的展示效果。

2. 软膜天花的用途

① 行政办公楼、商业写字楼。

② 工业场所和私人居所、别墅、公寓。

③ 学校、幼儿园、大型讲厅、电脑室等。

④ 医院、防疫站、诊所。

⑤ 体育场所：游泳池、健身房、桌球室、排球、篮球馆。

⑥ 教堂、宾馆、酒店、餐厅、酒吧、咖啡厅、音乐厅。

⑦ 品牌专卖店：品牌服装店、4S汽车专卖店、珠宝专卖店等。

⑧ 公共场所：超市、商场、浴室、主题公园、机场、地铁、交易所、博物馆、艺术馆、图书馆、艺术造型展架、美容院、发廊等。

⑨ 售楼处样板房、会所、休闲阁等。

⑩ 软膜天花+走廊：丰富的色彩和随意的造型使走廊从既往一成不变的形式解脱出来。透光膜和灯光的完美结合也给走廊增添了更多的变化。便捷的拆装适合走廊复杂的管道和照明系统的维护特点（见图4-15）。

⑪ 软膜天花包柱：丰富的色彩和造型的随意多样可以使立柱变化多端，透光膜更是可以将立柱的造型和灯光巧妙地结合起来。

图4-15　软膜天花展厅使用效果案例

（三）施工工艺

由于软膜天花与一般工业产品不同，软膜天花的功能和形式是随设计师和用户的实际需要而各不相同。几乎每一个工程都有其独特的形式和结构，在生产时需要采用不同的施工方法和结构组织要求。即使是同样的造型设计和效果要求，也会因施工地点、底架材料、墙体的不同而需要对施工方法做适当改变，所以软膜天花施工是固定在施工现场的，施工中必须将安装人员及安装手段流向不同区域的现场进行。即使同一工程，安装人员也必须按施工工艺的要求在不同的时间和空间流动，施工的流动性给施工的组织与管理工作带来一些特殊的要求和问题。

软膜天花的施工是多工种互相配合作业。要与施工现场的木工、油漆工、电工、消防管道工、空调工等协调作业，这些都增加了施工的难度。

1.工艺流程

安装固定支撑→固定安装铝合金龙骨→安装软膜→清洁软膜天花。

2.施工要点

① 在需要安装软膜天花的水平高度位置四周围固定一圈4cm×4cm支撑龙骨（可以是木方或方钢管）。附注：有些地方面积比较大时要求分块安装，以达到良好效果，这样就需要中间位置加一根木方条子。这是根据实际情况再实际处理。

② 当所有需要的木方条子固定好之后，然后在支撑龙骨的底面固定安装软膜天花的铝合金龙骨。

③ 当所有的安装软膜天花的铝合金龙骨固定好以后，再安装软膜。先把软膜打开，用专用的加热风炮充分加热均匀，然后用专用的插刀把软膜张紧插到铝合金龙骨上，最后把四周多出的软膜修剪完整即可。

④ 安装完毕后，用干净毛巾把软膜天花清洁干净。

四、塑料装饰板材

1.阳光板

中空，可弯曲，有多种色彩，加工简单，受规格限制，价格高，厚度有8mm、10mm、15mm，长度有3000mm、4000mm、6000mm几种。

PC阳光板（又称聚碳酸酯中空板、玻璃卡普隆板、PC中空板）是以高性能的工程塑料——聚碳酸酯（PC）树脂加工而成的，具有透明度高、质轻、抗冲击、隔声、隔热、难燃、抗老化等特点，是一种高科技、综合性能极其卓越、节能环保型的塑料板材，是目前国际上普遍采用的塑料建筑材料，有其他建筑装饰材料（如普通玻璃、有机玻璃等）无法比拟的优点，广泛应用于温室/工业厂房、装潢、广告招牌、停车棚、通道采光雨披住宅、商厦采光天幕、展览采光顶、体育场馆、游泳池、仓库采光顶，商业、工厂、体育场馆的采光天棚和遮阳雨棚、农业温室、养殖业和花卉大棚，以及电话亭、书报亭、车站等公用设施、高速公路隔声带、广告装饰领域（见图4-16）。

（1）阳光板的特性

① 属于难燃性工程材料。阳光板的自燃温度为630℃（木材为220℃）。

② 耐化学抗腐性高，阳光板具有良好的耐化学抗腐性，在室温下能耐各种有机酸、无机酸、弱酸、植物油、中性盐溶液、脂肪族烃及酒精的侵蚀。

③ 阳光板的耐温、耐寒差性好，能适应从严寒到高温的各种恶劣天气变化，在−40～120℃范围内保持各种物理性能指标稳定。

④ 阳光板在可见光和近红外线光谱内有最高透光率。视颜色不同，透光率可达12%～88%。

图4-16　常用阳光板图例

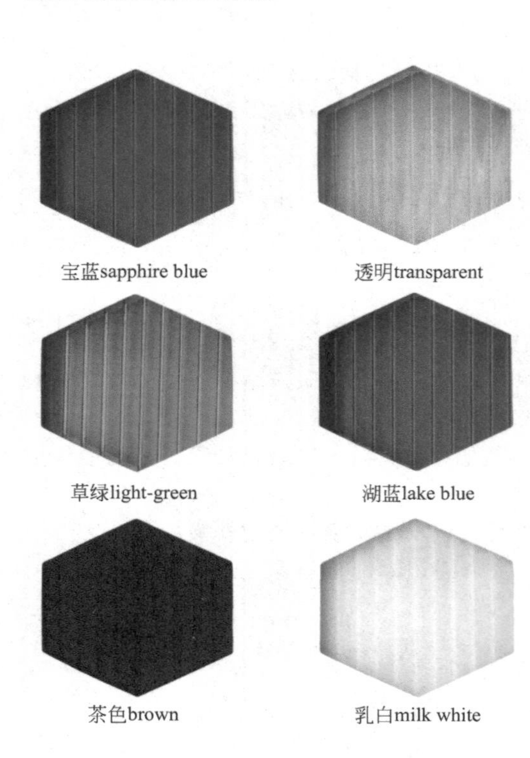

图4-17　阳光板品种样卡

图4-18　阳光板的会展应用案例

图4-19　耐力板品种图例

⑤ 抗紫外线，防老化，阳光板表面含防紫外线共挤层，户外耐候性好，长期使用能保持良好的光学特性和机械特性能。

⑥ 耐冲击性能强，阳光板的冲击强度是玻璃的80倍，实心板是玻璃的200倍，可以防止在运输、安装、使用过程中破碎。不会像常用玻璃那样发生断裂，避免对人造成伤害，对安全有极大保障。

⑦ 阳光板具有良好的柔性和可塑性，使之成为安装拱顶和其他曲面的理想材料，因此，弯曲的半径能达到板材厚度的175倍（见图4-17）。

（2）阳光板的展示用途

① 室外展示设施的采光顶棚。

② 商场、凉亭、休息厅、走廊的雨棚。

③ 银行防盗柜台、珠宝店防盗橱窗。

④ 广告灯箱的面板、广告展示牌。

⑤ 展示空间的内间隔、人行通道、护栏（见图4-18）。

2.耐力板

耐力板（又称聚碳酸酯实心板、防弹玻璃、实心板）是以高性能的工程塑料——聚碳酸酯（PC）树脂加工而成，经PC改性，可以耐酸耐碱，需加UV才能耐老化的装饰装修材料。

（1）耐力板的特性

① 耐撞击、打不破：强度超过强化玻璃、亚克力板数百倍，坚韧安全，防盗、防弹效果最佳。

② 可圆拱、可弯曲：加工性佳，可塑性强，能依工地现场实际需要，弯曲成拱形、半圆形等式样。

③ 材质轻、易搬运：重量仅及玻璃的一半，搬运安装省时省力，施工管理便捷容易。

④ 耐候性、采光优：可长期抗紫外线照射，采光效果特优，能节省大量能源开销。

⑤ 超透明、超绝缘：其透明性几乎和玻璃一样，又具有自灭消火的性质，为最优良的采光防火材料（见图4-19）。

（2）耐力板的主要用途

① 适用于展览、展厅的灯箱、幕墙、隔断等通透材料。

② 适用于园林、游艺场所的奇异装饰及休息场所的廊亭。

③ 适用于商业建筑的内外装饰、现代城市楼

房的幕墙。

④ 适用于航空透明集装箱、摩托车前风挡、飞机、火车、轮船、汽车、汽艇、潜艇及玻璃军警盾牌。

⑤ 适用于电话亭、广告路牌、灯箱广告、展示展览橱窗的布置。

⑥ 适用于仪器、仪表、高低压开关柜面板及军事工业等。

⑦ 适用于壁、顶、屏风等高档室内装饰材料。

⑧ 适用于高速公路及城市高架路隔声屏障。

⑨ 适用于农业温室及养殖大棚。

⑩ 适用于现代生态餐厅顶棚。

⑪ 适用于所有单位或小区内自行车棚、阳台遮阳雨棚及屋顶休息亭棚。

⑫ 适用于办公楼、百货大楼、宾馆、别墅、学校、医院、体育场馆、娱乐中心及公用设施的采光顶棚等。

（3）耐力板的规格

① 厚度：1.2mm、1.5mm、1.8mm、2.0mm、2.3mm、2.5mm、2.7mm、3.0mm、4.0mm、5.0mm、6.0mm、7.0mm、8.0mm（1.2 ～ 12mm）。

② 宽度：1.22m、1.56m、1.82m、2.1m。

③ 长度：30 ～ 50m（4.5mm以上不适合做卷板，平板可以定做）（见图4-20）。

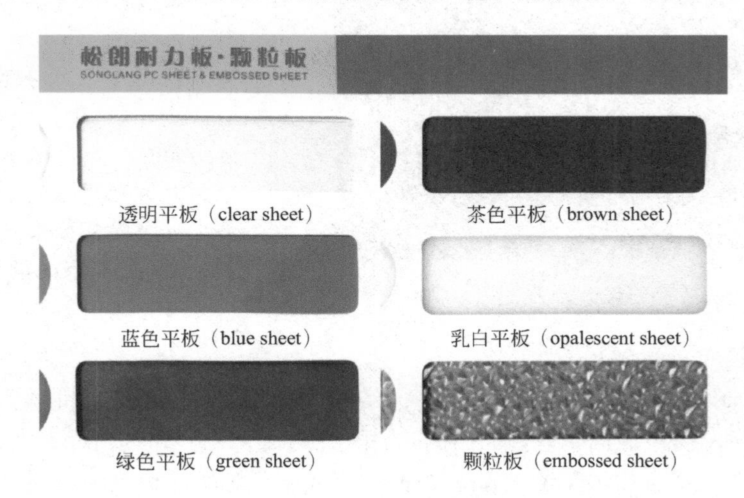

图4-20　耐力板色样图例

（4）耐力板的安装方法

① 耐力板安装（嵌入安装法）

a. 嵌入支撑框架部分的保护膜会影响填缝耐力板的胶结，故在耐力板材嵌入之前，请先揭起嵌入量的5 ～ 10mm宽的保护膜。

b. 板材热胀冷缩系数与金属框架不同，且具有挠曲性以承受风压，因此须有适当的嵌入量预留热胀冷缩空间及选择适当的板厚。

② 耐力板安装（螺丝安装法）

a. 室外安装或温差8℃以上时，任何螺栓与铆钉穿孔，必须加大孔径，留出容许温度热胀冷缩的预留量，孔径必须大于螺钉螺栓直径的50%。

b. 所有空隙应以硅酮胶填充，并涂覆外缘部分以防清洁剂渗入边缘，防止延发龟裂。

c. 铆钉头部应该比柄部大1 ～ 1.5倍。

d. 上螺钉时不可过紧，避免应力造成板材龟裂。

e. 不可使用PVC垫片，不可使用含有沥青成分的防水胶布。

f. 长边、短边须加金属压条，并预留膨胀空隙以加强固定力量。

3. 有机玻璃板材

有机玻璃板材，俗称有机玻璃。它是一种具有极好透光率的热塑性塑料。是以甲基丙烯酸甲酯为主要基料，加入引发剂、增塑剂等聚合而成。有透明有机板和有色有机板，色彩局限在纯色和茶色，性脆，易脏易损坏，规格1200mm×1800mm，厚度最薄为0.4mm，常用2mm、3mm、4mm、5mm，单价60 ～ 70元（与玻璃一样）。

（1）有机玻璃板材的特性

① 有机玻璃的透光性极好，可透过光线的99%，并能透过紫外线的73.5%。

② 机械强度较高。

③ 耐热性、抗寒性及耐候性都较好。

④ 耐腐蚀性及绝缘性良好。

⑤ 在一定条件下，尺寸稳定、容易加工。

（2）有机玻璃的缺点

① 质地较脆，易溶于有机溶剂。

② 表面硬度不大。

③ 易出现划痕，影响有机玻璃的通透性。

（3）有机玻璃的展示用途

① 室外展示设施的采光顶棚。

② 广告灯箱的面板，广告展示牌。

③ 展示空间的内间隔、人行通道、护栏（见图4-21）。

图4-21　有机玻璃应用案例

4. 白有机板（片）/ABS板

它是一种有机玻璃合成的产品，透明度中等，不易碎，具有良好的绝缘、耐燃、耐电压、耐寒等特性。ABS板的化学名称为丙烯腈-丁二烯-苯乙烯共聚物，英文名称为acrylonitrile butadiene styrene，密度为1.05g/cm^3，成型收缩率为0.4% ～ 0.7%，成型温度为200 ～ 240℃，干燥条件为80 ～ 90℃，2h。

（1）类型

① 奶白片（乳白片）：透光，稍黄。

② 灯箱片：有多种颜色，透光漫反射。

③ 瓷白片：不透光，用作贴面（见图4-22）。

（2）特点

① 综合性能较好，冲击强度较高，化学稳定性、电性能良好。

② 与372有机玻璃的熔接性良好，制成双色塑件，且可表面镀铬，喷漆处理。

③ 有高抗冲、高耐热、阻燃、增强、透明等级别。

④ 柔韧性好。

（3）在展示方面的用途

① 展示立体造型，造型发光体。

② 户外广告（见图4-23）。

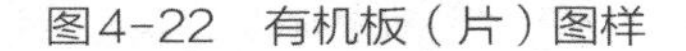

图4-22　有机板（片）图样

图4-23　有机板（片）在会展现场的应用案例

5.亚克力

亚克力是一种特殊的有机玻璃。由于其优异的强韧性及良好的透光性，早期曾被用于制造飞机的挡风玻璃和坦克的视野镜。现代的亚克力材料表面覆涂了高强度紫外线吸收剂并拥有丰富多彩的颜色，夜间色彩艳丽并极具穿透力，抗日晒雨淋，使用寿命长达十年以上，是目前国际上较流行的户外标识招牌制造材料之一。

“亚克力”这个词也许听起来很陌生，因为它是一个近两年来才出现在大陆的新型词语。直到2002年，它在广告行业、家具行业、工艺品行业才渐渐被少数人了解。“亚克力”是一个音译外来词，英文是Acrylic，它是一种化学材料。化学名称叫作“PMMA”属丙烯醇类，俗称“经过特殊处理的有机玻璃”，在应用行业，它的原材料一般以颗粒、板材、管材等形式出现。

“有机玻璃”源自英文organic glass。近年来在某些地区将所有的透明塑料制成的板材统称为有机玻璃，其实这是错误的，亚克力是专指纯聚甲基丙烯酸甲酯（PMMA）材料，而把PMMA板材称作亚克力板。

亚克力（Acrylic），俗名“特殊处理有机玻璃”。亚克力的研究开发，距今已有一百多年的历史。1872年丙烯酸的聚合性始被发现；1880年甲基丙烯酸的聚合性为人知晓；1901年丙烯聚丙酸酯的合成法研究完成；1927年运用前述合成法尝试工业化制造；1937年甲基酸酯工业制造开发成功，由此进入规模性制造。第二次世界大战期间，因亚克力具有优异的强韧性及透光性，率先被应用于飞机的挡风玻璃，以及坦克司机驾驶室的视野镜。1948年世界第一只亚克力浴缸的诞生，标志着亚克力的应用获得了新的里程碑（见图4-24）。

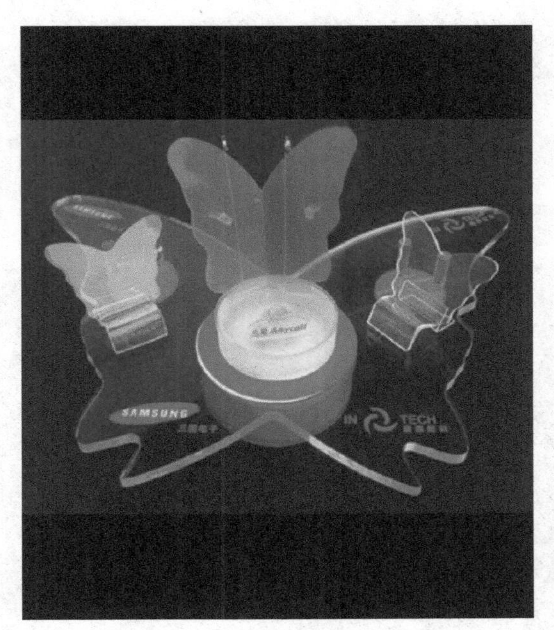

图4-24　亚克力的应用效果

（1）亚克力的类型　亚克力是丙烯酸类和甲基丙烯酸类化学品的通称。包括单体、板材、粒料、树脂以及复合材料，亚克力板由甲基烯

图4-25 彩色亚克力

图4-26 亚克力效果

图4-27 字体LOGO、发光字效果

酸甲酯单体（MMA）聚合而成，即聚甲基丙烯酸甲酯（PMMA）板材有机玻璃。

亚克力的类型有透明亚克力（水晶效果）、彩色亚克力。

按透光度又可分纯透明板、着色透明板、半透明板（如彩色板）。

按表面光泽，则可分为高光板、丝光板和消光板（也称磨砂板）。

按照性能，亚克力板还可分普通板、抗冲板、抗紫外线板、阴燃板及高耐磨板等（见图4-25）。

（2）亚克力的特性

① 具有水晶一般的透明度，透光率达92%以上，光线柔和、璀璨夺目，用染料着色的亚克力又有很好的展色效果。

② 亚克力板具有极佳的耐候性、较高的表面硬度和表面光泽，以及较好的高温性能。

③ 亚克力板有良好的加工性能，既可采用热成型（包括模压、吹塑和真空吸塑），也可用机械加工的方式，如钻、车、切割等。用微电脑控制的机械切割和雕刻不仅使加工精度大大提高，而且还可制作出用传统方式无法完成的图案和造型。另外，亚克力板可采用激光切割和激光雕刻，制作出效果奇特的制品。

④ 透明亚克力板材具有可与玻璃比拟的透光率，但密度只有玻璃的一半。此外，它不像玻璃那么易碎，即使破坏，也不会像玻璃那样形成锋利的碎片。

⑤ 亚克力板的耐磨性能与铝材接近，它不定期耐多种化学品的腐蚀。

⑥ 亚克力板具有良好的适印性和喷涂性，采用适当的印刷（如丝印）和喷涂工艺，可以赋予亚克力制品理想的表面装饰效果。

⑦ 耐燃性：不自燃并具自熄性（见图4-26）。

（3）亚克力在展示中的应用

① 展览展示的标识、字体LOGO、发光字。

② 特殊造型、标牌、指示系统。

③ 广告灯箱。

④ 采光体、透明顶部。

⑤ 各类展示架，如：化妆品展示架、手机展示架、手表展示架、眼镜展示架（见图4-27）。

（4）缺点

① 散热能力比较差。

② 这种材质最怕被锐物划伤。

③ 造价高，跟金属字、喷绘、霓虹灯相比，价格高几倍甚至十倍以上。

④ 运输相对较麻烦，因为它毕竟是有机材料，有一定的脆性，运输一般不能重叠、重压，需要有相对较好的外包装，故而包装成本高。

⑤ 亮度较直接暴露在外面的霓虹灯差。故而，对于非常高的高层建筑，并且要求有亮度很好的字、灯箱，亚克力达不到要求（见图4-28）。

图4-28 亚克力效果在会展设计中的应用

6.塑料地板

20世纪70年代，塑料地板就在西欧及美国、日本等工业国家和地区得到了广泛应用。进入20世纪80年代后，在我国塑料地板也投入了批量生产。目前塑料地板经常用于特殊的会展场地及办公环境。

（1）塑料地板的特点 塑料地板具有质轻、尺寸稳定、施工方便、经久耐用、脚感舒适、色泽艳丽美观、耐磨、耐油、耐腐蚀、防火、隔声及隔热等优点。

（2）塑料地板的分类 按所用树脂可分为：聚氯乙烯树脂塑料地板、聚丙烯树脂塑料地板和氯化聚乙烯树脂塑料地板三大类。目前，绝大部分塑料地板属于第一类。

按生产工艺可分为压延法、热压法和注射法。我国塑料地板的生产大部分采用压延法。

按材料可分为硬质、半硬质片材和软质的卷材。

（3）PVC塑料地板的原料及生产工艺 PVC塑料地板的原料与普通塑料相同，除树脂外还需加入其他辅助原料，如增塑剂、稳定剂、填料等。不过，塑料地板中加入的填料较多，因为它在使用过程中很少受拉力、剪力、撕力等的作用，主要受压力和摩擦力两种作用。一方面它能降低制品成本，另一方面可以提高制品的尺寸稳定性、耐热耐燃性。

常用的填料是碳酸钙和石棉，也可用其他填料如重晶石、滑石粉、陶土等。PVC塑料地板常采用的生产工艺有热压法和压延法。热压法，填料可适当加多，但它属于间歇性生产；压延法的生产是连续的，但填料不能多加（见图4-29）。

图4-29　塑料地板品种类型

7. PVC塑料板

PVC（聚氯乙烯）是使用较广泛的塑料材料之一。PVC材料是一种非结晶性材料。PVC材料在实际使用中经常加入稳定剂、润滑剂、辅助加工剂、色料、抗冲击剂及其他添加剂。

（1）PVC塑料板的特点　PVC材料具有不易燃性、高强度、耐气候变化性以及优良的几何稳定性。PVC对氧化剂、还原剂和强酸都有很强的抵抗力。然而它能够被浓氧化性酸如浓硫酸、浓硝酸所腐蚀，并且也不适用于与芳香烃、氯化烃接触的场合。

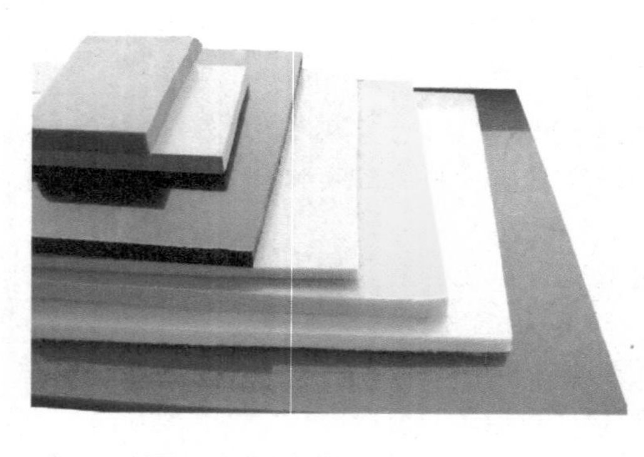

图4-30　各色PVC塑料板

PVC在加工时熔化温度是一个非常重要的工艺参数，如果此参数不当，将导致材料分解的问题。PVC的流动特性相当差，其工艺范围很窄。特别是大分子量的PVC材料更难以加工（这种材料通常要加入润滑剂改善流动特性），因此通常使用的都是小分子量的PVC材料。PVC的收缩率相当低，一般为0.2%～0.6%（见图4-30）。

（2）PVC塑料板优点

① PVC塑料板质量轻、隔热、保温、防潮、阻燃、耐酸碱、抗腐蚀。

② 稳定性、介电性好，耐用、抗老化，易熔接及黏合。

③ 抗弯强度及冲击韧性强，破裂时延伸度较高。

④ 表面光滑，色泽鲜艳，极富装饰性，装饰应用面较广。

⑤ 施工工艺简单，安装方便。

（3）PVC塑料板的应用　PVC塑料板具有轻质、隔热、保温、防潮、阻燃、施工简便等特点。规格、色彩、种类繁多，极富装饰性，多用于会展空间的分割、展示设计的美工雕刻，也可应用于居室内墙和吊顶的装饰，是塑料类材料中应用较为广泛的装饰材料之一（见图4-31）。

图4-31　PVC塑料板展示中的字体雕刻应用

8. 塑料泡沫板

聚苯乙烯泡沫板——又名泡沫板、EPS板，是由含有挥发性液体发泡剂的可发性聚苯乙烯珠粒，经加热预发后在模具中加热成型的白色物体，其有微细闭孔的结构特点，主要用于装潢雕刻、会展美工字体的基材雕刻以及建筑墙体，屋面保温，复合板保温，冷库、空调、车辆、船舶的保温隔热，地板采暖等，用途非常广泛（见图4-32、图4-33）。

（1）聚苯乙烯泡沫板的特性　具有以下性能。

① 绝佳的隔热保温性。

② 极高的抗压强度。

③ 良好的阻燃性能。

④ 优秀的抗水性。

⑤ 出色的抗湿防潮效果。

⑥ 低廉的成本。

（2）聚苯乙烯参数指标

见表4-1。

图4-32　常用塑料泡沫板图例

表4-1　聚苯乙烯参数指标

项目	标准要求	项目	标准要求
外观质量	执行标准4.2要求	水蒸气透过系数/[ng/(Pa·m·s)]	≤4.5
允许尺寸偏差	执行标准4.2要求	吸水率（体积分数）/%	≤4
表观密度/(kg/m³)	≥20.0	断裂弯曲负荷/N	≥25
压缩强度/(kPa)	≥100	弯曲变形/mm	—
热导率/[W/(m·K)]	≤0.041	氧指数/%	≥30
尺寸稳定性/%	≤3	燃烧等级	达到B2级

（3）常用规格　每立方米质量（kg），尺寸：长（cm）、宽（cm）、厚（cm）。

① 1260×120，2、2.5、3、5。

② 1460×120，2、2.5、3、5。

③ 1660×120，2、2.5、3、5。

④ 1860×120，2、2.5、3、5。

⑤ 2060×120，2、2.5、3、5。

图4-33　聚苯乙烯泡沫板在会展中的应用案例

五、塑料复合板材

1.防火板

防火板又名耐火板，学名为热固性树脂浸渍纸高压层积板，英文缩写为HPL，是表面装饰用耐火建材，有丰富的表面色彩、纹路以及特殊的物流性能，广泛用于室内装饰、家具、橱柜、实验室台面、外墙等领域。防火板是原纸（钛粉纸、牛皮纸）经过三聚氰胺与酚醛树脂的浸渍工艺，经高温高压制成。

（1）防火板的特性

① 三聚氰胺树脂热固成型后表面硬度高、耐磨、耐高温、耐撞击，表面毛孔细小不易被污染。

具有耐溶剂性、耐水性、耐药品性、耐焰性等，机械强度高。

绝缘性、耐电弧性良好及不易老化。

防火板表面的光泽性、透明性能很好地还原色彩、花纹，有极高的仿真性。

② 酚醛树脂热固成型后形成极高的密度，具有耐温、耐水及硬质等物流特性（见图4-34）。

图4-34 防火板色彩类型样卡

（2）防火板的构成 防火板是采用硅质材料或钙质材料为主要原料，与一定比例的纤维材料、轻质骨料、黏合剂和化学添加剂混合，经蒸压技术制成的装饰板材。是目前越来越多使用的一种新型材料，其使用不仅仅是因为防火的因素。防火板的施工对于粘贴胶水的要求比较高，质量较好的防火板价格比装饰面板要贵。

防火板的厚度一般为0.8mm、1mm和1.2mm。生产销售企业有很多，质量良莠不齐。

防火板是以金属板（铝板、不锈钢板、彩色钢板、钛锌板、钛板、铜板等）为面板，无卤阻燃无机物改性的填芯料为芯层，经热压复合而成的一种防火用的三明治式的夹芯板。依据GB 8624—2006，分为A2和B两个燃烧性能等级。

金属夹芯防火板既具有防火功能，又保持了相应金属塑料复合板的力学性能（见图4-35）。

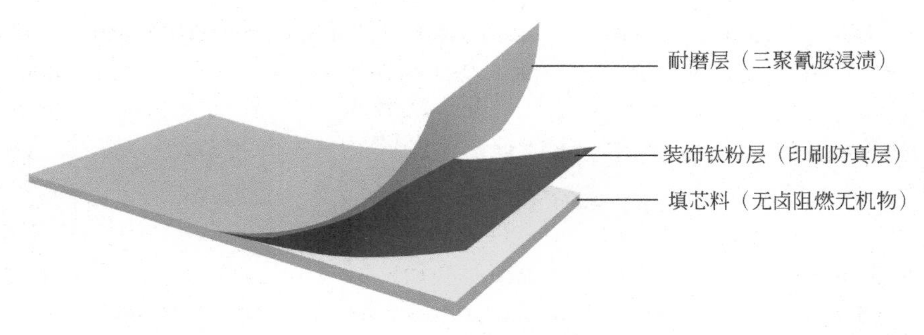

图4-35　防火板结构图

（3）防火板在展示中的应用　多用于现代商业展柜的面层材料及现代会展的面层材料，也可以用作新建建筑和翻修旧房的外墙、内墙装饰材料及室内吊顶，特别适用于一些大型的人员密度大的、对防火性能有较高要求的公共建筑，如会议中心、展览馆、体育馆、剧院等。

随着生产时间和工程的需要，防火板的材料、品种、规格、使用价值越来越丰富。用于防火门、保温保冷工程、卷闸门帘、防火隔断等的防火板，因其用量巨大，需要在提高防火功能的前提下降低材料成本和对资源的损耗，当然这单单靠阻燃剂是解决不了的，膨胀珍珠岩、玻化微珠、膨胀蛭石等价廉物美的原材料具有优良的防火隔热等功能，满足了这个需求。

珍珠岩/蛭石防火板，一般是应用一定量的水玻璃，或称玻璃水，即N水硅酸钠，经高温热压工艺制成不同规格的板材；如果应用菱镁水泥材料等无机材料作珍珠岩/蛭石黏结剂（也可采用发泡剂以减轻门芯板的重量），可以作为隔墙板等在建筑上应用；或添加部分类似脲醛树脂类、聚酯类、蛋白类、建筑胶类、107或801胶水类作黏结剂，由于有的会自然释放毒物，有的则通过燃烧产生毒气，可以在充分放置后应用在次常温或高温环境里，如保温板、隔声板、隔热板等（见图4-36）。

2.铝塑复合板

铝塑复合板是以经过化学处理的涂装铝板为表层材料，用聚乙烯塑料为芯材，在专用铝塑板生产设备上加工而成的复合材料。铝塑复合板本身所具有的独特性能，决定了其广泛的用途：它可以用于大楼外墙、帷幕墙板、旧楼改造翻新、室内墙壁及天花板装修、广告招牌、展示台架、净化防尘工程。铝塑复合板在国内已大量使用，属于一种新型建筑装饰材料。

铝塑复合板（又称铝塑板）作为一种新型装饰材料，自20世纪80年代末至90年代初从韩国和我国台湾地区引进到我国大陆，便以其经济性、可选色彩的多样性、便捷的施工方法、优良的加工性能、绝佳的防火性及高贵的品质，迅速受到人们的青睐（见图4-37）。

图4-36　用于现代商业展柜的面层材料案例

图4-37　铝塑复合板图样

在国外，铝塑板的名称有好多种，有叫铝复合板（aluminum composite panels）的，有叫铝复合材料（aluminum composite materials）的；在欧洲许多国家称铝塑板为Aluco bond，源于铝塑板的一种商标名称。国外生产铝塑板的企业并不是很多，但生产规模都很大。著名的有总部设在瑞士的Alusuisse公司、美国的雷诺兹金属公司、日本三菱公司、韩国大明等。国内的著名企业有宁波爱佳建材等。

（1）铝塑板的组成　铝塑复合板是由多层材料复合而成的，上、下层为高纯度铝合金板，中间为无毒低密度聚乙烯（PE）芯板，其正面还粘贴一层保护膜。对于室外，铝塑板正面涂覆氟碳树脂（PVDF）涂层，对于室内，其正面可采用非氟碳树脂涂层（见图4-38）。

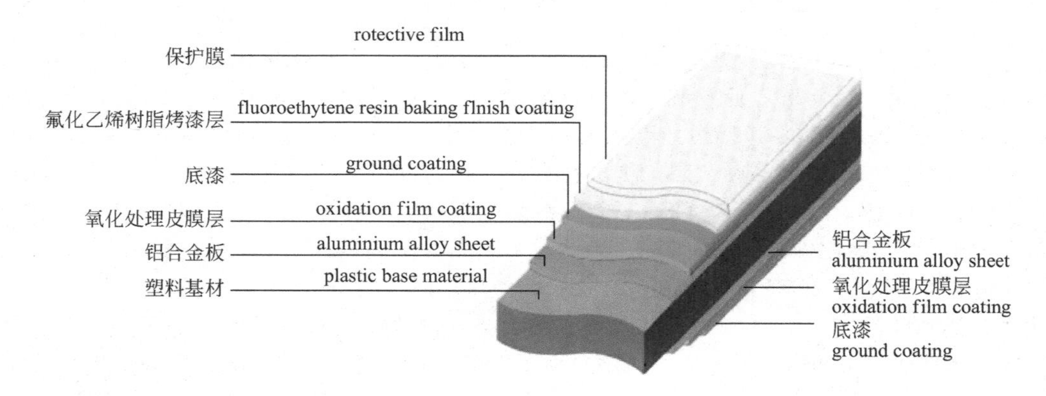

图4-38　铝塑板材料构成图解

（2）铝塑板分类　铝塑板品种比较多，而且是一种新型材料，因此至今还没有统一的分类方法，通常按用途、产品功能和表面装饰效果进行分类。

① 按用途分类

a.建筑幕墙用铝塑板　其上、下铝板的最小厚度不小于0.50mm，总厚度应不小于4mm。铝材材质应符合GB/T 3880的要求，一般要采用3000、5000等系列的铝合金板材，涂层应采用氟碳树脂涂层。

b.外墙装饰与广告用铝塑板　上、下铝板采用厚度不小于0.20mm的防锈铝，总厚度应不小于4mm。涂层一般采用氟碳涂层或聚酯涂层。

c.室内用铝塑板　上、下铝板一般采用厚度为0.20mm、最小厚度不小于0.10mm的铝板，总厚度一般为3mm。涂层采用聚酯涂层或丙烯酸涂层。

② 按产品功能分类

a.防火板　选用阻燃芯材，产品燃烧性能达到难燃级（B1级）或不燃级（A级）；同时其他性能指标也须符合铝塑板的技术指标要求。

b.抗菌防霉铝塑板　将具有抗菌、杀菌作用的涂料涂覆在铝塑板上，使其具有控制微生物活动繁殖和最终杀灭细菌的作用。

c.抗静电铝塑板　抗静电铝塑板采用抗静电涂料涂覆铝塑板，表面电阻率在$10^9\Omega$/cm以下，比普通铝塑板表面电阻率小，因此不易产生静电，空气中尘埃也不易附着在其表面。

③ 按表面装饰效果分类

a.涂层装饰铝塑板　在铝板表面涂覆各种装饰性涂层。普遍采用的有氟碳、聚酯、丙烯酸涂层，主要包括金属色、素色、珠光色、荧光色等颜色，具有装饰性作用，是市面最常见的品种。

b.氧化着色铝塑板　采用阳极氧化及时处理铝合金面板，拥有玫瑰红、古铜色等别致的颜色，起到特殊的装饰效果。

c.贴膜装饰复合板　即是将彩纹膜按设定的工艺条件，依靠黏合剂的作用，使彩纹膜黏合在涂有底漆的铝板上或直接贴在经脱脂处理的铝板上。主要品种有岗纹板、木纹板等。

d.彩色印花铝塑板　将不同的图案通过先进的计算机照排印刷技术，将彩色油墨在转印纸上印刷出各种仿天然花纹，然后通过热转印技术间接在铝塑板上复制出各种仿天然花纹。可以满足设计师的创意和业主的个性化选择。

e.拉丝铝塑板　采用表面经拉丝处理的铝合金面板，常见的是金拉丝和银拉丝产品，给人带来不同的视觉感受。

f.镜面铝塑板　铝合金面板表面经磨光处理，宛如镜面（见图4-39）。

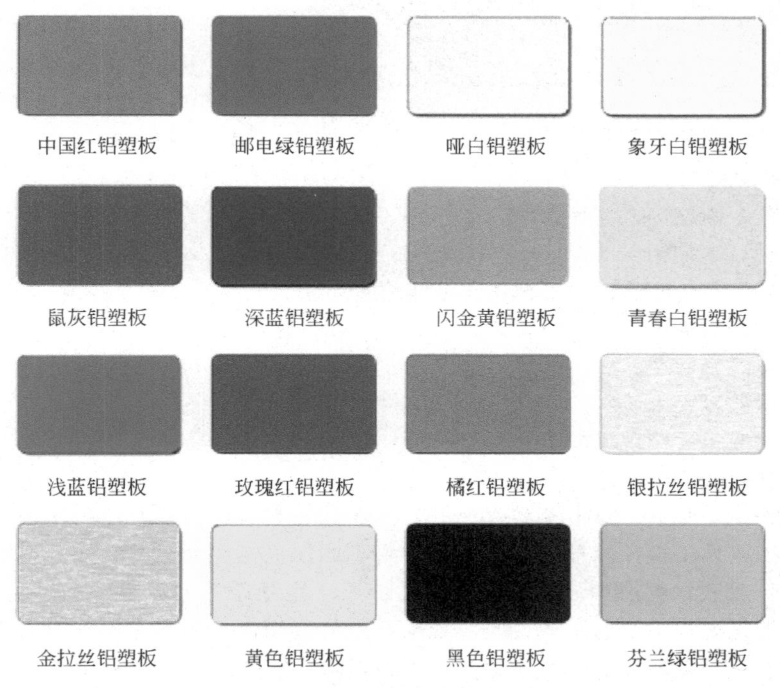

图4-39　铝塑复合板品种样卡

（3）铝塑板性能

① 超强剥离度　铝塑板采用了新工艺，将铝塑复合板最关键的技术指标——剥离强度，提高到了极佳状态，使铝塑复合板的平整度、耐候性方面的性能都相应得到了提高。

② 材质轻易加工　铝塑板，每平方米的质量仅在3.5 ～ 5.5kg，故可减轻震灾所造成的危害，且易于搬运，其优越的施工性只需简单的木工工具即可完成切割、裁剪、刨边、弯曲成弧形、直角的各种造型，可配合设计人员，做出各种变化，安装简便、快捷，减少了施工成本。

③ 防火性能卓越　铝塑板的中间是阻燃的物质PE塑料芯材，两面是极难燃烧的铝层。因此，是一种安全防火材料，符合建筑法规的耐火需要。

④ 耐冲击性　耐冲击性强、韧性高、弯曲不损面漆，抗冲击力强，在风沙较大的地区也不会出现因风沙造成的破损。

⑤ 超耐候性　由于采用了以KYNAR-500为基料的PVDF的氟碳漆，耐候性方面有独特的优势，无论在炎热的阳光下或严寒的风雪中都无损于漂亮的外观，可达20年不褪色。

⑥ 涂层均匀，彩色多样　经过化成处理及汉高皮膜技术的应用，使油漆与铝塑板间的附着力均匀一致，颜色多样，让你选择空间更大，尽显你的个性化。

图4-40 铝塑复合板在展览展示造型面板方面应用的案例

⑦ 易保养　铝塑板，在耐污染方面有了明显的提高。我国的城市污染较为严重，使用几年后需要保养和清理，由于自洁性好，只需用中性的清洗剂和清水即可，清洗后使板材永久如新。

（4）铝塑板的用途

① 展览展示造型面板、标识板、展示台架。

② 大楼外墙、帷幕墙板。

③ 阳台、设备单元、室内隔间。

④ 旧的大楼外墙改装和翻新。

⑤ 内墙装饰面板、天花板、广告招牌（见图4-40）。

（5）铝塑板的特性

① 耐候性佳、强度高、易保养。

② 施工便捷、工期短。

③ 优良的加工性、断热性、隔声性和绝佳的防火性能。

④ 可塑性好，耐撞击，可减轻建筑物负荷，防震性佳。

⑤ 平整性好，轻而坚。

⑥ 可供选择的颜色多。

⑦ 加工机具简单，可现场加工。

（6）常见的质量问题

① 塑板的变色、脱色　铝塑板产生变色、脱色，主要是由于板材选用不当造成的。铝塑板分为室内用板和室外用板，两种板材的表面涂层不同，决定了其适用的场合不同。室内所用的板材，其表面一般喷涂树脂涂层，这种涂层适应不了室外恶劣的自然环境，如果用在了室外，自然会加速其老化过程，引起了变色脱色现象。室外铝塑板的表面涂层一般选用抗老化、抗紫外线能力较强的聚氟碳酯涂层，这种板材的价格昂贵。有些施工单位欺骗业主，以室内用的板材冒充抗老化、抗腐蚀的优质氟碳板材，榨取不合理的利润，因而造成工程上所用的铝板出现严重的变色、脱色现象。

② 塑板的开胶、脱落　铝塑板开胶、脱落，主要是由于黏结剂选用不当。作为室外铝塑板工程的理想黏结剂，硅酮胶有着得天独厚的优越条件。以前，我国的硅酮胶主要依赖进口，其身价令很多人望而却步，只有那些高层建筑上身价不菲的幕墙工程才敢于问津。现在，我国的郑州、广东、杭州等地都先后投产了不同品牌的硅酮胶，致使价格大跌。现在，在购买铝塑板的时候，销售商会推荐那种专用的快干胶。这种胶在室内使用尚可，用在气候变化无常的室外，便会出现板材开胶、脱落的现象。

③ 铝塑板表面的变形、起鼓　随便在哪个城市中逛上一圈，都不难发现一些铝塑板表面变形、起鼓的那些大煞风景的工程。小小的门面装修工程上有这种现象，大型高层建筑上也有这种现象。以前在施工中，出现过这种质量问题，我们曾认为是板材本身的质量原因；后来，经过大家的集中分析才发现，主要问题出在粘贴铝塑板的基层板材上，其次才是铝塑板本身的质量问题。经销商经常给我们提供铝塑板的施工工艺，其推荐使用的基层材料主要是高密度板、木工板之类。其实，这类材料在室外使用时，其使用寿命是很脆弱的，经过风吹、日晒、雨淋后，必然会产生变形。既然基层材料都变形了，那么作为面层的铝塑板哪有不变形之理？可见，理想的室外基层材料应经过防锈处理后，以角钢、方钢管结成骨架为佳。如果条件允许，采用

铝型材作为骨架就更为理想了。这类金属材料制作的骨架，其成本并不比木龙骨、高密板高出许多，确实保证了工程质量。

④ 铝塑板胶缝整齐　铝塑板在装修建筑物表面时，板块之间一般都有一定宽度的缝隙。为了美观的需要，一般都要在缝隙中充填黑色的密封胶。在打胶时有些施工人员为了省时的需要，不用纸胶带来保证打胶的整齐、规矩，而是利用铝塑板表面的保护膜作为替代品。由于铝塑板在切割时，保护膜会产生不同程度的撕裂情况，所以用它来作保护胶带的替代品，不可能把胶缝收拾得整整齐齐。

铝塑复合板是一种新型的生态环境建筑材料。自20世纪70年代发明以来，以其先进的复合材料结构及特性、优良的性价比与易加工性、丰富多彩的装饰效果与耐久性、显著的节约资源与环保性等产品综合性能被广泛应用于建筑幕墙、室内外装修、广告宣传牌匾、车船装饰、家具制造等领域。铝塑复合板多被应用在机场、大型体育场馆与剧院等城市标志性建筑，因此备受关注，是关系到国计民生的重要产品。进入21世纪以后，伴随着我国建筑业的高速发展，特别是北京奥运会与上海世博会的申办成功，铝塑复合板作为被建筑师们称为继石材（陶瓷砖）、玻璃之后的第三代幕墙材料，得到了快速发展。

据不完全统计，全国现有铝塑复合板企业有300多家，按国家统计口径（全部国有及年产品销售收入500万元以上的非国有工业企业）的铝塑复合板制造企业有204家，主要分布在广东、上海、江苏、浙江、山东、江西等地，从业人员约4.5万人，其中非国有企业已超过80%。2008年全行业实现利润约18亿元，年销售额近200亿元。2008年铝塑板产量2.2亿平方米，位居世界第一，占世界总产量的80%以上。中国是世界上最大的铝塑复合板生产国、消费国和出口国，且部分企业的产品质量已达到或超过先进国家的水平。

我国铝塑复合板产品的出口，连续几年实现大幅度增长。2008年产品已出口到103个国家和地区，包括出口到世界发达国家。铝塑复合板年出口量约6500万平方米，出口创汇9.1亿美元。实现了自20世纪90年代初的依靠进口，到20世纪末的自产自销，再到21世纪初的大量出口的转变。目前中国的铝塑复合板已占世界进出口贸易量中的85%以上（见图4-41）。

图4-41　铝塑复合板在展览展示中的应用案例

第五章 会展工程金属材料

金属材料在装饰上的应用，从古到今，具有悠久的历史。在现代展览展示中，金属材料品种繁多，尤其是钢、铁、铝、铜及其合金材料，它们耐久、轻盈，易加工，表现力强，这些特质是其他材料所无法比拟的。金属材料中，作为展览、装饰应用最多的是铝材，近年来，不锈钢的应用大大增加，同时，随着防蚀技术的发展，各种普通钢材的应用也逐渐增加。铜材在历史上曾一度在装饰材料中占重要地位，但近代新型金属装饰材料的质高价廉已使它失去了竞争力。

图5-1　各类金属材料

以各种金属作为建筑装饰材料，有着源远流长的历史，至今还留下许多痕迹，如颐和园中的铜亭、泰山顶上的铜殿、昆明的金殿、西藏的布达拉宫金碧辉煌的装饰等，都是古人留下的应用金属装饰材料的典范。

现代金属装饰材料用于建筑物中更是多种多样，丰富多彩。这是因为金属材料与其他材料相比具有较高的强度，能抵抗较大的变形，并能制成各种形状的制品和型材，同时具有独特的光泽和颜色，庄重华贵，经久耐用。在日益强调建筑艺术特色的今天，现代金属装饰材料在建筑工程中必将大放异彩（见图5-1）。

第一节　会展金属材料的种类与结构

金属装饰材料分为黑色金属和有色金属两大类。

黑色金属包括铁、铸铁、钢材，其中钢材主要是作房屋、桥梁等的结构材料，只有钢材中的不锈钢用作装饰。

有色金属包括有铝及铝合金、铜及铜合金、金、银等，它们广泛地用于现代会展和建筑装饰装修中。

一、会展金属材料种类

现代金属装饰材料用于建筑物中更是多种多样，丰富多彩。这是因为金属装饰材料具有独特的光泽和颜色作为建筑装饰材料，金属庄重华贵，经久耐用，均优于其他各类建筑装饰材料。

现代常用的会展金属装饰材料包括铝及铝合金、不锈钢、铜及铜合金。

金属装饰材料有各种金属及合金制品，如铜和铜合金制品、铝和铝合金制品、锌和锌合金制品、锡和锡合金制品等，但应用最多的还是铝与铝合金以及钢材及其复合制品。

二、结构和类型

金属展示材料的应用主要体现在内结构和外装饰两方面。

内结构：型材、管材和线材。

外装饰：有各种板材，如花纹板、波纹板、压型板、冲孔板。其中，波纹板可增加强度，降低板材厚度以节省材料，也有其特殊装饰风格。冲孔板主要为增加其吸声性能，大多用作吊顶材料。孔型有圆孔、方孔、长圆孔、长方孔、三角孔、菱形孔、大小组合孔等（见图5-2）。

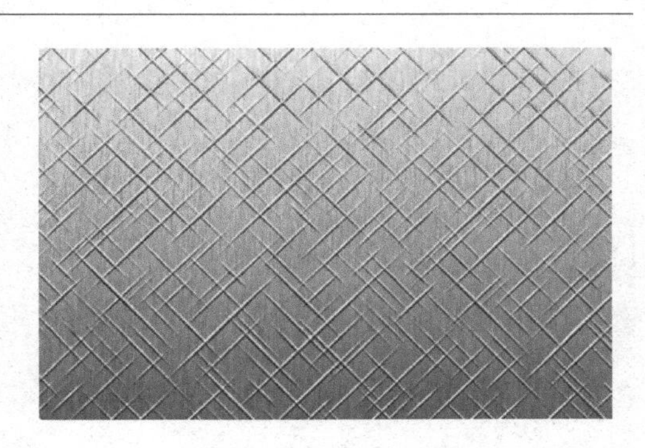

图5-2　外装饰板材

第二节　展览展示中常用金属材料

展览展示设计中经常使用的金属材料主要是以内结构、外装饰的形式出现的，主要包括钢材、铝、不锈钢架类和各类金属装饰板材等。

一、会展常用钢材

1.钢材的优点

① 材质均匀，可靠性高。钢材组织均匀，接近于各向同性匀质体，钢结构的实际工作性能比较符合目前采用的理论计算结果，故可靠性较高。

② 强度高，质量轻。钢材强度较高，弹性模量也高，因而钢结构构件小而轻，在同样的受力情况下钢材自重较小，可以做成跨度较大的结构，由于材件小，也便于安装和运输。

③ 塑性和韧性好。钢结构的塑性和韧性好，适于承受冲击和动力荷载，有较好的抗震性能。

④ 具有可焊性。可焊性是指钢材在焊接过程中和焊接后，都能保持焊接部分不开裂的完整性的性质。由于焊接技术的发展，焊接结构的采用，使钢结构的连接大为简化。

⑤ 便于机械化制造，安装方便，施工期限短。钢结构安装方便和施工期限短可以尽快地发挥投资的经济效益。

⑥ 耐热性好。实验证明钢材在常温到150℃时性能变化不大，因而钢结构适用于热车间。

2.钢材的缺点

① 耐火性差。钢材表面温度达到300～400℃以后，强度和弹性模量显著下降，600℃时基本降为零，所以钢结构的耐火性较差。

② 耐腐蚀性较差。在潮湿和腐蚀介质的环境中容易发生锈蚀，需要定期维护。

3.展示中常用的类型

（1）型材　种类分为角钢、槽钢、工字钢。

① 角钢　分等边和不等边、2 ∶ 1、4 ∶ 3，常用为6m，最长可达19m。∠20、∠25、∠30、∠40、∠50、∠63。厚度，2～30mm。

最低∠20，国标厚3mm，最宽可达250mm（见图5-3）。

② 槽钢　5#～40#。常用是5#～20#，分为5#、6#、8#、10#、12#、14#、16#、18#、20#，以宽度确定型号。槽钢的两翼宽和厚可据资料查询，价格同角钢。其长度常用的是6m，在10#以上的可达到8m（现货），其承重结构及范围可查阅金属材料手册（见图5-4）。

图5-3　角钢类型图例

图5-4　槽钢样品图例

③ 工字钢　10#～60#为常用型号。其长度常用的是6m，型号不同其长度有可能不同。

（2）管材　分为方管、圆管等材料。

① 方管　是方形管材的一种称呼，也就是边长相等的钢管，也有边长不等的矩形方管，是带钢经过工艺处理卷制而成的。一般是把带钢经过拆包、平整、卷曲、焊接形成圆管，再由圆管轧制成方形管然后剪切成需要的长度，一般是每包50根。它是现代会展业近几年新兴起的一类内结构材料，尤其随着可循环利用、巡回展览、环保展览概念的兴起，可以多次拆卸、循环利用多次的钢管材料逐步替代了传统的木质结构材料，日益成为会展工程人员的新宠（见图5-5）。

图5-5　会展中方管结构材料的应用案例

方管有无缝和焊缝之分，无缝方管是将无缝圆管挤压成型而成。

a.方管的性能指数分析——塑性　塑性是指金属材料在载荷作用下，产生塑性变形（永久变形）而不破坏的能力。

b.方管的性能指数分析——硬度　硬度是衡量金属材料软硬程度的指针。目前生产中测定硬度的方法最常用的是压入硬度法，它是用一定几何形状的压头在一定载荷下压入被测试的金属材料表面，根据被压入程度来测定其硬度值。

常用的方法有布氏硬度（HB）、洛氏硬度（HRA、HRB、HRC）和维氏硬度（HV）等方法。

c.方管的性能指数分析——疲劳　前面所讨论的强度、塑性、硬度都是金属在静载荷作用下的机械性能指针。实际上，许多机器零件都是在循环载荷下工作的，在这种条件下零件会产生疲劳。

d.方管的性能指数分析——冲击韧性　以很大速度作用于机件上的载荷称为冲击载荷，金属在冲击载荷作用下抵抗破坏的能力叫做冲击韧性。

e.方管的性能指数分析——强度　强度是指金属材料在静载荷作用下抵抗破坏（过量塑性变形或断裂）的性能。由于载荷的作用方式有拉伸、压缩、弯曲、剪切等形式，所以强度也分为抗拉强度、抗压强度、抗弯强度、抗剪强度等。各种强度间常有一定的联系，使用中一般较多以抗拉强度作为最基本的强度指针。

f.方管常用规格

500×500×（8～25），140×140×（4～14）
135×135×（4～14）
130×130×（4～12）
450×450×（8～25），120×120×（4～12）
400×400×（8～25），110×110×（4～12）
350×350×（8～25），100×100×（4～12）
300×300×（8～25），80×80×（4～12）
280×280×（8～25），60×60×（4～12）
250×250×（8～25），50×50×（4～12）
220×220×（8～25），40×40×（4～10）
200×200×（8～25），30×30×（2～6）
180×180×（7～20），20×20×（2～4）
160×160×（5～16）
150×150×（5～14）（见图5-6）

方管最小尺寸为10mm，最大为154mm，规格为15mm的方管壁厚在0.8～1.5mm之间，常用规格为：10mm、20mm、25mm、30mm、38mm、50mm、63mm、85mm。大方管在100mm×100mm以上，厚在4～10mm之间。

图5-6　方管材料图样

根据用途不同，国标壁厚有一定的范围差距。常用长度为6m。

② 圆管　分有缝管和无缝管。直径一般在15～150mm，有缝管分螺纹管、焊管和镀锌管；镀锌管分冷镀和热镀。焊管在其表面可清晰看见一条焊缝，热镀管最小可达

14mm，最大可达350mm，螺旋管最大可达1400mm。常用长度为6m。

无缝管最小可达到1cm以下。常用规格为14mm、20mm、25mm、32mm、40mm、50mm、63mm、75mm、85mm（见图5-7）。

（3）板材　有各类钢板、镀锡板等。

① 钢板　分为冷轧板、热轧板。

规格：宽1.0m，长1.25m、2.0m和6m，厚度0.5～1.2cm。

冷板和热板的区别：冷板是在常温下轧制而成的，硬度较大；热板是在高温下轧制而成的，头尾成舌状和鱼尾状，宽度、厚度的精度较差，边部常成浪形、折边或塔形；经过酸洗，去除表面氧化皮并涂油而成热轧酸洗板。现热轧酸洗板有逐步替代冷轧板的趋向。

冷轧板以热轧钢筋为原材料，经过冷连轧，连续变硬化，使板材的硬度和强度上升，韧性指数下降，只能用于简单变形的零件。

② 镀锌板　镀锌板厚度10～120丝，常用规格为1.0m×2.0m、1.0m×6m。

镀锌板是指表面镀有一层锌的钢板。镀锌是一种经常采用的经济而有效的防腐方法。镀锌板按生产工艺分为热镀锌板和电镀锌板。热镀锌板的锌层厚度较厚，用于抗蚀性强的部件。电镀锌板的锌层厚度较薄且均匀，多用于涂漆或室内用品。

③ 镀锡板　镀锡板（俗称马口铁）是指表面镀有一薄层金属锡的钢板，具有良好的抗腐蚀性能，有一定的强度和硬度，成型性好又易焊接，锡层无毒无味，能防止铁溶进被包装物，且表面光亮，印制图画可以美化商品。

（4）线材

螺纹钢/圆钢：长度9m、10m、12m。螺纹钢是热轧带肋钢筋的俗称。

主要用途：广泛用于房屋、桥梁、道路等土建工程建设。

主要产地：螺纹钢的生产厂家在我国主要分布在华北和东北，华北地区如首钢、唐钢、宣钢、承钢等；东北地区有西林、北台、抚钢等，这两个地区约占螺纹钢总产量的50%以上。

螺纹钢与光圆钢筋的区别是表面带有纵肋和横肋，通常带有两道纵肋和沿长度方向均匀分布的横肋。螺纹钢属于小型型钢钢材，主要用于钢筋混凝土建筑构件的骨架。在使用中要求有一定的机械强度、弯曲变形性能及工艺焊接性能。生产螺纹钢的原料钢坯为经镇静熔炼处理的碳素结构钢或低合金结构钢，成品钢筋为热轧成型、正火或热轧状态交货。每米质量=0.00617×直径×直径（螺纹钢和圆钢相同）。

扁钢：每米质量=0.00785×厚度×边宽（见图5-8）。

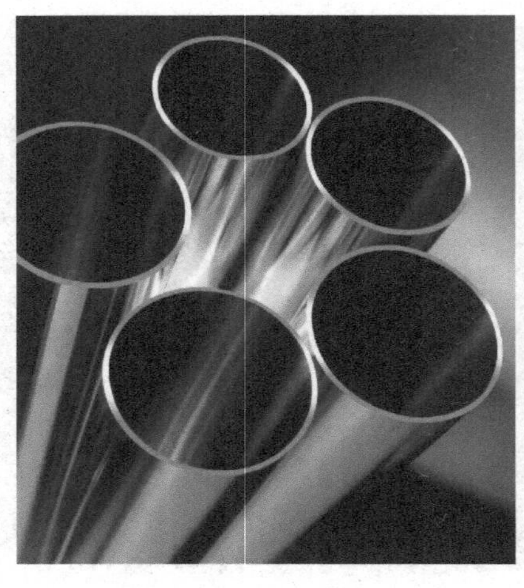

图5-7　不锈钢管图例

图5-8　各类圆钢图样

（5）轻钢龙骨　轻钢龙骨是安装各种罩面板的骨架，是木龙骨的换代产品。轻钢龙骨配以不同材质、不同花色的罩面板，不仅改善了建筑物的热学、声学特性，也直接造就了不同的装饰艺术和风格，是现代展示及室内设计必须考虑的重要内容。

轻钢龙骨从材质上分为铝合金龙骨、铝带龙骨、镀锌钢板龙骨和薄壁冷轧退火卷带龙骨。从断面上分为V型龙骨、C型龙骨及L型龙骨。从用途上分为吊顶龙骨（代号D）、隔断（墙体）龙骨（代号Q）。吊顶龙骨有主龙骨（大龙骨）、次龙骨（中龙骨和小龙骨）。主龙骨也叫承载龙骨，次龙骨也叫覆面龙骨。隔断龙骨有竖龙骨、横龙骨和通贯龙骨之分。铝合金龙骨多做成T型，T型龙骨主要用于吊顶。各种轻钢薄板多做成V型龙骨和C型龙骨，它们在吊顶和隔断中均可采用（见图5-9）。

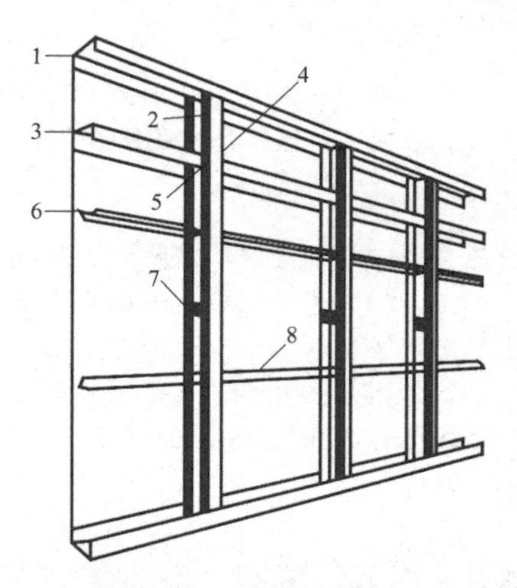

图5-9　轻钢龙骨隔断应用的断面形状

1—上横龙骨；2—竖龙骨；3—中横龙骨；4—支撑卡；5—加强骨连接；6—穿心骨；7—支撑卡；8—穿心骨

轻钢龙骨的外形要平整、棱角清晰，切口不允许有影响使用的毛刺和变形。龙骨表面应镀锌防锈，不允许有起皮、脱落等现象。对于腐蚀、损伤、麻点等缺陷也需按规定检测。

轻钢龙骨的产品规格、技术要求、试验方法和检验规则在国家标准《建筑用轻钢龙骨》（GB 11981—89）中有具体规定（见图5-10）。

图5-10　轻钢龙骨的产品图例

产品规格系列有以下一些：

隔断龙骨主要规格有Q50、Q75和Q100；

吊顶龙骨主要规格有D38（UC38）、D45（UC45）和D60（UC60）。

产品标记顺序如下：

产品名称、代号、断面宽度、高度、钢板厚度和标准号。

如断面形状为C型，宽度45mm、高度12mm、钢板厚度1.5mm的吊顶龙骨，可标记为：建筑用轻钢龙骨DC45×12×1.5CB11981（见图5-11）。

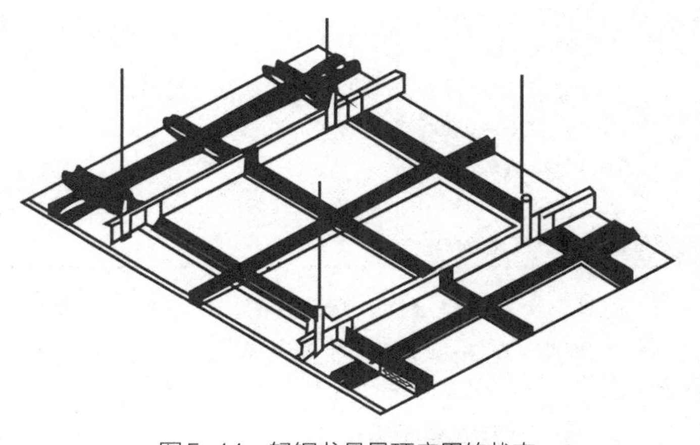

图5-11　轻钢龙骨吊顶应用的状态

二、会展常用铝及铝合金材料

铝作为化学元素，在地壳组成中占第三位，约占7.45%，仅次于氧和硅。随着炼铝技术的提高，铝及铝合金成为一种被广泛应用的金属材料。

1.铝材料

铝是有色金属中的轻金属，密度为2.7g/cm^3，银白色。铝的导电性能和导热性能都很好，化学性质也很活泼，暴露于空气中，表面易于生成一层氧化铝薄膜，保护下面金属不再受到腐蚀，所以铝在大气中耐蚀性较强，但因薄膜极薄，因而其耐蚀性有一定限度。纯铝具有很好的塑性，可制成管、棒、板等。但铝的强度和硬度较低。铝的抛光表面对白光的反射率达80%以上，对紫外线、红外线也有较强的反射能力。铝还可以进行表面着色，从而获得良好的装饰效果。

（1）铝的特性

图5-12 会展常用铝方管图样

① 铝属于有色金属中的轻金属，质轻，密度为2.7g/cm^3，为钢的1/3，是各类轻结构的基本材料之一。

② 铝有很好的导电性和导热性，仅次于铜，所以，铝也被广泛用来制造导电材料。

③ 铝在大气中的耐腐蚀性较强。铝暴露在空气中，表面易生一层致密而坚固的氧化铝（Al_2O_3）薄膜，可以阻止铝继续氧化，从而起到保护作用。

④ 铝具有良好的延展性，有良好的塑性，易加工成板、管、线及箔（厚度6～25μm）等（见图5-12）。

（2）铝的力学性质

见表5-1。

表5-1 铝的力学性质

力学性能	铸态	压力加工退火	未退火
抗拉强度σ_b/MPa	90～120	80～110	150～250
弹性极限σ_e/MPa	—	30～40	—
屈服极限σ_s/MPa	—	50～60	120～240
延伸率δ/%	11～25	32～40	4～8
断面收缩率ϕ/%	—	70～90	50～60
布氏硬度，HBS10/500	24～32	15～25	40～65
冲击韧度α_k/(J/cm^2)	340	—	—
抗剪强度σ_τ/MPa	42	60	100
弯曲疲劳强度σ_{bb}/MPa	—	50	40

铝具有良好的延展性，有良好的塑性，易加工成板、管、线及箔（厚度6～25μm）等。铝的强度和硬度较低，所以，常可用冷压法加工成制品。铝在低温环境中塑性、韧性和强度不下降，因此，铝常作为低温材料用于航空和航天工程及制造冷冻食品的储运设备等。

2.铝合金及其性质和应用

钝铝强度较低，为提高其实用价值，常在铝中加入适量的铜、镁、锰、硅、锌等元素组成铝合金。铝合金种类很多，用于建筑装饰的铝合金是变形铝合金中的锻铝合金（简称锻铝，代号LD）。锻铝合金是铝镁硅合金（Al-Mg-Si合金），其中的LD31具有中等强度，冲击韧性高，热塑性极好，可以高速挤压成结构复杂、薄壁、中空的各种型材或锻造成结构复杂的锻件。LD31的焊接性能和耐蚀性优良，加工后表面十分光洁，并且容易着色，是Al-Mg-Si系合金中应用最为广泛的合金品种。

铝合金装饰制品有：铝合金桁架、铝合金门窗、铝合金百叶窗、铝合金装饰板、铝箔、镁铝饰板、镁铝曲板、铝合金吊顶材料、铝合金栏杆、扶手、屏幕、格栅等。

铝箔是指用纯铝或铝合金板材加工成6.3pm ～ 0.2mm的薄片制品。铝箔有很好的防潮性能和绝热性能，所以铝箔以全新的多功能保温隔热材料和防潮材料广泛用于建筑业；如卷材铝箔可用作保温隔热窗帘，板材铝箔（如铝箔波形板、铝箔泡沫塑料板等）常用在室内，通过选择适当色调图案，可同时起到很好的装饰作用。

（1）铝合金的一般性质

① 铝中加入合金元素后，其机械性能明显提高，并仍能保持铝质量轻的固有特性，使用也更加广泛，不仅用于建筑装修，还能用于建筑结构。

② 铝合金装饰材料具有质量轻、不燃烧、耐腐蚀、经久耐用、不易生锈、施工方便、装饰华丽等优点。

③ 铝合金与碳素钢相比较，显示出其所特有的良好性能（见图5-13）。

图5-13　各类铝合金型材图例

（2）铝合金型材的加工与装饰加工

① 型材加工　建筑铝质型材主要指铝合金型材，其加工方法可分为挤压法和轧制法两大类。在国内外生产中，绝大多数采用挤压法，仅在生产批量较大、尺寸和表面要求较低的中、小规格的棒材和断面形状简单的型材时，才采用轧制法。

挤压法有正挤压、反挤压、正反向联合挤压之分。铝合金型材主要采用正挤压法。它是将铝合金锭放入挤压筒中，在挤压轴的作用下，强行使金属通过挤压筒端部的模孔流出，得到与模孔尺寸形状相同的挤压制品。

挤压型材的生产工艺，常因材料的品种、规格、供应状态、质量要求、工艺方法及设备条件等因素而不同，应按具体条件综合选择与制定。一般的过程如下：铸淀→加热→挤压→型材空气或水淬火→张力矫直→锯切定尺→时效处理→型材。

② 表面处理与装饰加工

a.阳极氧化处理　阳极氧化处理的目的是使铝型材表面形成比自然氧化膜厚得多的人工氧化膜层，并进行“封孔”处理，使处理后型材表面显银白色，提高表硬度、耐磨性、耐蚀性等。同时，光滑、致密的膜层也为进一步着色创造了条件。

处理方法是将铝材定为阳极，在酸溶液中，水电解时在阴极上放出氢气，在阳极上产生氧气，该原生氧和铝阳极上形成的三价铝离子结合形成氧化铝膜层。Al_2O_3膜层本身是致密的，但在其结晶中存在缺陷，电解液中的正、负离子会浸入皮膜，使氧化皮膜局部溶解，在型材表面上形成大量小孔，直流电得以通过，使氧化膜层继续向纵深发展。这样就使氧化膜在厚度增长的同时形成一种定向的针孔结构，断面呈六棱体蜂窝状态。

b.表面着色处理　经中和水洗或阳极氧化后的铝型材，可以进行表面着色处理。着色方法有自然着色法、电解着色法、化学浸渍着色法、涂漆法等。常用的是自然着色法和电解着色法。

图5-14　铝合金表面着色处理图例

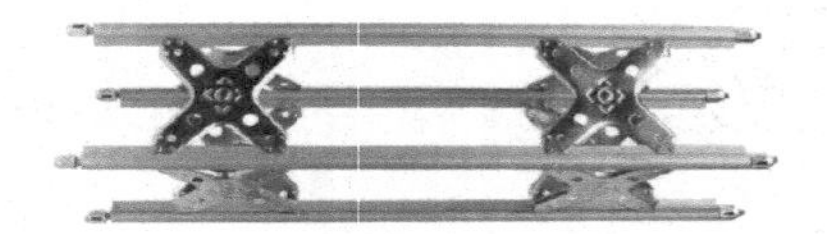

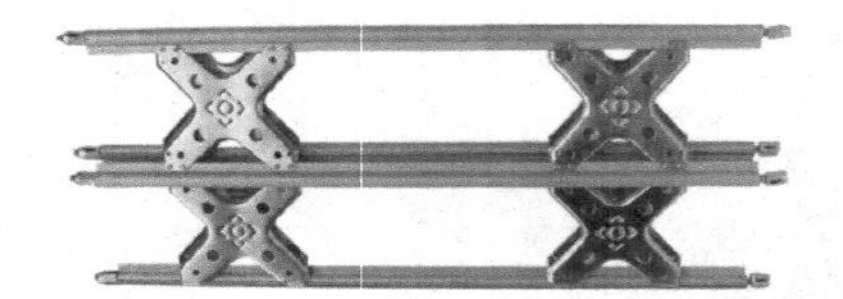

图5-15　铝合金桁架图例

图5-16　铝合金桁架球型架图例

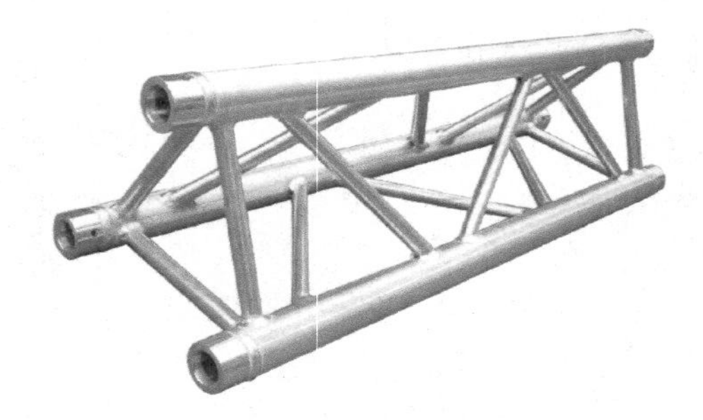

图5-17　铝焊接桁架图例

前者是在进行阳极氧化的同时产生着色，后者在含金属的电解液中对氧化膜进一步进行电解，实际上就是电镀，是把金属盐溶液中的金属离子通过电解沉积到铝阳极氧化膜针孔底部，光线在这些金属离子上漫射，使氧化膜呈现颜色（见图5-14）。

（3）铝合金的应用　目前铝合金广泛用于建筑工程结构和建筑装饰，如屋架、屋面板、幕墙、门窗框、活动式隔墙、顶棚、暖气片、阳台和楼梯扶手以及其他室内装修及建筑五金等。在现代展示中，铝合金多用于桁架结构、展位隔断、标准展位的框架等形式中。

建筑上常用的铝合金制品有铝合金门窗、铝合金装饰板、铝箔、铝粉以及铝合金吊顶龙骨等。另外，家具设备及各种室内装饰配件也大量采用铝合金。

① 铝合金桁架　铝合金桁架是将已经表面处理过的型材，经过下料、打孔、铣槽、攻丝、制配等加工工艺而制造的门窗框料构件，再加连接件、密封件、开闭五金件一起组合装配而成。广泛用于展览会空间天顶、展示墙、展示平台、骨架、门楼以及特殊装饰。主要包括钢质桁架、铝质桁架、敞开摊位桁架、插片桁架、球杆网架、齿柱桁架。

a. 铝合金桁架的类型

（a）铝质桁架　轻巧、灵活、安全可靠，可随意组合，拆装方便，可分为三管铝质桁架、四管铝质桁架、铝管焊接桁架（见图5-15）。

（b）齿柱桁架　外形美观，结构灵活，材质轻便，千变万化的造型配上色彩各异的灯管，使整个展位更加绚丽、明亮。

（c）球节球杆　十八孔铝球节，可与直径为22mm和30mm的两种铝合金球杆连接，其中Φ30mm球杆槽口还可与八通展具连接（见图5-16）。

（d）插板　插板宽有150mm、200mm两种规格，造型有圆形、三角形等，外形美观，轻巧灵活，可使展台产生通透效果，艺术感强。

（e）铝焊接桁架　质地轻便，外形新颖、美观，可用于各种展台造型（见图5-17）。

（f）蝶型桁架　可广泛用于各种不同行业的展览会，拆装、运输方便（见图5-18）。

（g）LH系列　直管与斜管的完美搭配，可广泛用于各种造型的展台，全组装式结构，安装拆卸方便，可实现大跨度连接。

b.铝合金桁架特点　轻巧、灵活、安全可靠，可随意组合，拆装方便，可用于各种展台造型。强度高，刚度好，坚固耐用。

② 铝合金装饰板　主要有铝合金花纹板、铝质浅花纹板、铝及铝合金波纹板及铝合金穿孔吸声板等多种形式（见图5-19、图5-20）。

图5-18　蝶型桁架图例

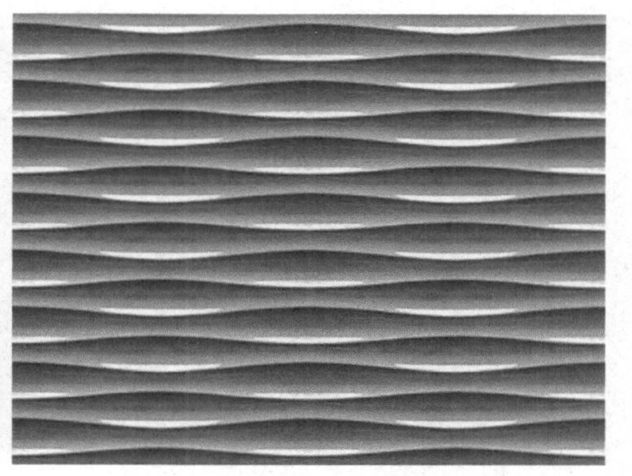

图5-19　铝合金装饰板图例

③ 吊顶龙骨　铝合金吊顶龙骨具有不锈、质轻、防火、抗震、安装方便等特点，适用于室内吊顶装饰。

④ 铝合金还可压制五金零件　如把手、铰锁，以及标志、商标、提把、提攀、嵌条、包角等装饰制品，既美观、金属感强，又耐久不腐（见图5-21）。

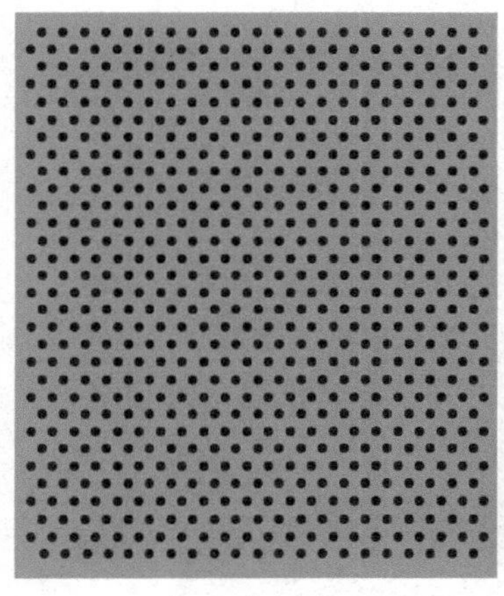

图5-20　铝合金穿孔吸声板图例

图5-21　铝合金五金零件

三、常用展示不锈钢材料

目前，展示工程中常用的不锈钢材制品主要有不锈钢板与钢管、彩色不锈钢板、彩色涂层钢板和彩色压型钢板，以及塑料复合钢板及轻钢龙骨等。

不锈钢是含铬12%以上，具有耐腐蚀性能的铁基合金。不锈钢可分为不锈耐酸钢和不锈钢两种，能抵抗大气腐蚀的钢称为不锈钢，而在一些化学介质（如酸类）中能抵抗腐蚀的钢称为耐酸钢。通常将这两种钢统称为不锈钢。用于装饰上的不锈钢主要是板材，不锈钢板是借助于其表面特征来达到装饰目的的，如表面的平滑性和光泽性等。还可通过表面着色处理，制得褐、蓝、黄、红、绿等各种彩色不锈钢，既保持了不锈钢原有的优异的耐蚀性能，又进一步提高了它的装饰效果（见图5-22）。

1.不锈钢的一般特性

不锈钢是以加铬元素为主并加其他元素的合金钢，铬含量越高，钢的抗腐蚀性越好。除铬外，不锈钢中还含有镍、锰、钛、硅等元素，这些元素都能影响不锈钢的强度、塑性、韧性和耐蚀性。

不锈钢的耐腐蚀原理，是由于铬的性质比铁活泼，在不锈钢中，铬首先与环境中的氧化合，生成一层与钢基材牢固结合的致密氧化膜层，称作钝化膜，它能使合金钢得到保护，不致锈蚀。

不锈钢按其化学成分可分为铬不锈钢、铬镍不锈钢和高锰低铬不锈钢等几类。按不同耐腐蚀特点，又可分为普通不锈钢（简称不锈钢）和耐酸钢两类，前者具有耐大气和水蒸气侵蚀的能力，后者除对大气和水汽有抗蚀能力外，还对某些化学侵蚀介质（如酸、碱、盐溶液）具有良好的抗蚀性。

2.普通不锈钢装饰制品

展示用不锈钢制品包括薄钢板、管材、型材及各种异型材。主要的是薄钢板，其中，厚度小于2mm的薄钢板用得最多。

（1）普通不锈钢的主要特点

① 不生锈、耐腐蚀性好。

② 经不同表面加工可形成不同的光泽度和反射能力。

③ 安装方便。

④ 装饰效果好，具有时代感。

（2）不锈钢在展示中的应用　不锈钢制品在展示上可用作桁架、饰面、幕墙、展位内门窗、栏杆扶手等（见图5-23）。

图5-22　不锈钢管图例

图5-23　展示中常用不锈钢广告钉

3.彩色不锈钢装饰制品

彩色不锈钢通过化学（或电化学）处理，在不锈钢表面形成一层高抗蚀性氧化膜，给不锈钢着上不同色彩，不仅使其保持了不锈钢原有的各种优越性，而且使其耐蚀性能、耐老化性能、耐紫外线照射性能和外观装饰效果优于普通不锈钢。

（1）彩色不锈钢的性质

a.耐热性：在沸水中浸渍28天，在200℃以下暴露5个星期，在250℃以下长期暴露，加热到400℃，膜层色泽均无明显变化。耐磨性和抗刻划性能：能在500g/cm^{2}的压强下，橡皮摩擦2000次以上不变色，用300g的钢针刻划不划穿。

b.加工性能：能承受常规的模压加工、深拉延、弯曲加工以及加工硬化，进行180°弯曲试验和8mm的杯突试验后，氧化膜均完好，彩色不锈钢板系在不锈钢板上进行技术性和艺术性加工，使其表面成为具有各种绚丽色彩的不锈钢装饰板，其颜色有蓝、灰、紫、红、青、绿、金黄、橙、茶色等多种。

彩色不锈钢板具有抗腐蚀性强、机械性能较高、彩色面层经久不褪色、色泽随光照角度不同会产生色调变幻等特点，而且彩色面层能耐200℃的温度，耐盐雾腐蚀性能比一般不锈钢好，耐磨和耐刻划性能相当于箔层涂金的性能。当弯曲90°时，彩色层不会损坏。

（2）彩色不锈钢的种类　彩色不锈钢的产品包括彩色不锈钢板、各种材质不锈钢管、不锈钢平板、BA板、8K镜面板、钛金板、防滑板、拉丝板、雪花砂板、喷砂板、蚀刻花纹板、压纹板、压花板、真空镀膜板等。

其颜色有浅金黄色、金黄色、紫红色、宝石蓝、黑钛、钛金、咖啡色、幼彩色、锆金色、青铜色、玫瑰色、香槟色等。

（3）彩色不锈钢的应用　彩色不锈钢板可用于会展场所作形象墙板、招牌等装饰之用。采用彩色不锈钢板装饰墙面，不仅坚固耐用，美观新颖，而且具有强烈的时代感（见图5-24）。

图5-24　彩色不锈钢板图例

第六章
会展工程玻璃材料

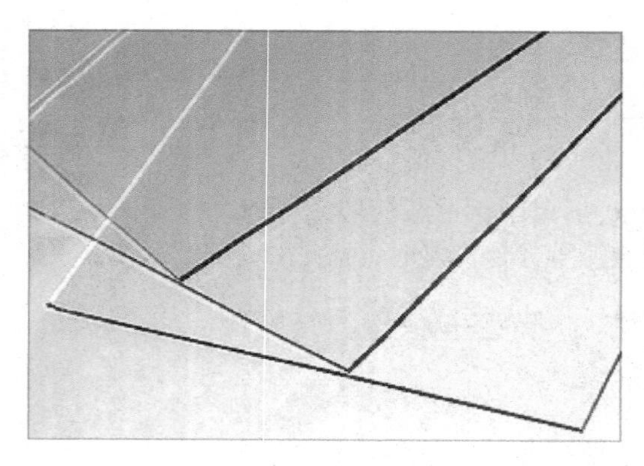

图6-1　玻璃效果图例（一）

玻璃是以石英砂、纯碱、石灰石等无机氧化物为主要原料，与某些辅助性原料经高温熔融，成型后经过冷却而成的固体。玻璃是用于现代展示的主要材料之一。随着现代装饰发展的需要和玻璃制作技术的飞跃进步，玻璃正在向多品种多功能的方面发展。例如，其制品由过去单纯作为采光和装饰功能，逐渐向着控制光线、调节热量、节约能源、控制噪声、降低建筑自重等多种功能发展，具有高度装饰性和多种适用性的玻璃新品种不断出现，为现代展示设计提供了更大的选择性（见图6-1）。

第一节　玻璃的基本知识

一、玻璃的分类

玻璃的品种很多，可以按制品结构与性能来分类。

1.平板玻璃

① 普通平板玻璃：包括普通平板玻璃和浮法玻璃。

② 钢化玻璃。

③ 表面加工平板玻璃：包括磨光玻璃、磨砂玻璃、喷砂玻璃、磨花玻璃、压花玻璃、冰花玻璃、蚀刻玻璃等。

④ 掺入特殊成分的平板玻璃：包括彩色玻璃、吸热玻璃、光致变色玻璃、太阳能玻璃等。

⑤ 夹物平板玻璃：包括夹丝玻璃、夹层玻璃、电热玻璃等。

⑥ 复层平板玻璃：包括普通镜面玻璃、镀膜热反射玻璃、镭射玻璃、釉面玻璃、涂层玻璃、覆膜（覆玻璃贴膜）玻璃等。

2. 玻璃制成品

（1）平板玻璃制品　包括中空玻璃、玻璃磨花、雕花、彩绘、弯制等制品及幕墙、门窗制品。

（2）不透明玻璃制品和异型玻璃制品　包括玻璃锦砖（马赛克）、玻璃实心砖、玻璃空心砖、水晶玻璃制品、玻璃微珠制品、玻璃雕塑等。

（3）玻璃绝热、隔声材料　包括泡沫玻璃和玻璃纤维制品等（见图6-2）。

图6-2　玻璃效果图例（二）

二、玻璃的性质

1. 玻璃的力学性质

玻璃的理论抗拉强度极限为12000MPa，实际强度只有理论强度的（1/300）～（1/200），一般为30～60MPa，玻璃的抗压强度为700～1000MPa。玻璃中的各种缺陷造成了应力集中或薄弱环节，试件尺寸越大，存在的缺陷越多。缺陷对抗拉强度的影响非常显著，对抗压强度的影响较小。

脆性是玻璃的主要缺点。玻璃的脆性指标为1300～1500（橡胶为0.4～0.6，钢为400～460，混凝土为4200～9350）。脆性指标越大说明脆性越大。在实际应用中，玻璃制品经常受到弯曲、拉伸和冲击应力，较少受到压缩应力。玻璃的力学性质主要指标是抗拉强度和脆性指标。

2. 玻璃的光学性质

光学性质是玻璃最重要的物理性质。光线照射到玻璃表面可以产生透射、反射和吸收三种情况。

光线透过玻璃称为透射；光线被玻璃阻挡，按一定角度反射出来称为反射；光线通过玻璃后，一部分光能量损失在玻璃内部称为吸收。玻璃中光的透射随玻璃厚度的增加而减少。玻璃中光的反射对光的波长没有选择性，玻璃中光的吸收对光的波长有选择性。可以改变玻璃的化学组成来对可见光、紫外线、红外线、X射线和γ射线进行选择吸收（见图6-3）。

图6-3　光线透过玻璃效果

3. 玻璃的热工性质

玻璃的热导率约为铜的1/400，是热导率较低的材料。当发生温度变化时，玻璃产生的热应力很高。在温度剧烈变化时，玻璃会产生碎裂，玻璃的急热稳定性比急冷稳定性要强一些。

4. 玻璃的化学性质

玻璃具有较高的化学稳定性，它可以抵抗除氢氟酸以外的所有酸类的侵蚀，硅酸盐玻璃一般不耐碱。玻璃遭受侵蚀性介质腐蚀，也能导致变

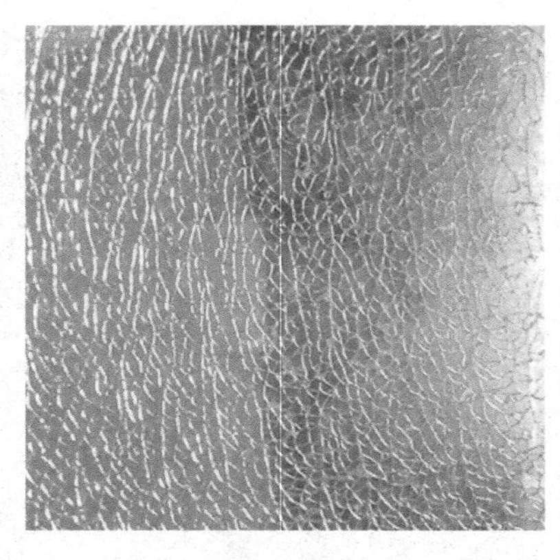
图6-4 玻璃的性质——碎裂效果

质和破坏。

大气对玻璃的侵蚀作用实质上是水汽、二氧化碳、二氧化硫等作用的总和。实践证明，水汽比水溶液具有更大的侵蚀性。普通窗玻璃长期使用后出现表面光泽消失或表面晦暗，甚至出现斑点和油脂状薄膜等，就是由于玻璃中的碱性氧化物在潮湿空气中与二氧化碳反应生成碳酸盐造成的。这一现象称为玻璃发霉。可用酸浸泡发霉的玻璃表面，并加热至400～450℃除去表面的斑点或薄膜。

通过改变玻璃的化学成分，或对玻璃进行热处理及表面处理，可以提高玻璃的化学稳定性（见图6-4）。

第二节 玻璃制品的加工和装饰

成型后的玻璃制品一般不能满足装饰性或适用性，需要进行加工，以得到不同要求的制品。经加工后的玻璃不仅使外观与表面性质得到改善，同时也提高了装饰性。

玻璃的加工与装饰方法主要有以下几种。

一、研磨与抛光

为了使制品具有需要的尺寸和形状或平整光滑的表面，可采用不同磨料进行研磨，开始用粗磨料研磨，然后根据需要逐级使用细磨料，直至玻璃表面变得较细微。需要时，再用抛光材料进行抛光，使表面变得光滑、透明，并具有光泽。经研磨、抛光后的玻璃称为磨光玻璃。

常用的玻璃是金刚石、刚玉、碳化硅、碳化硼、石英砂等。抛光材料有氧化铁、氧化铬、氧化铯等金属氧化物。抛光盘一般用毛毡、呢绒、马兰草根等制作。

二、钢化、夹层、中空

钢化玻璃是在炉内将平板玻璃均匀加热到600～650℃之后，喷射压缩空气使其表面迅速冷却制成的，制品具有很高的物理力学性能。

将两块或两块以上的平板玻璃用塑料薄膜或其他材料夹于其中，在热压条件下使其组成一体即成夹层玻璃。

中空玻璃是将两块玻璃之间的空气抽出后充入干燥空气，用密封材料将其周边封固（见图6-5）。

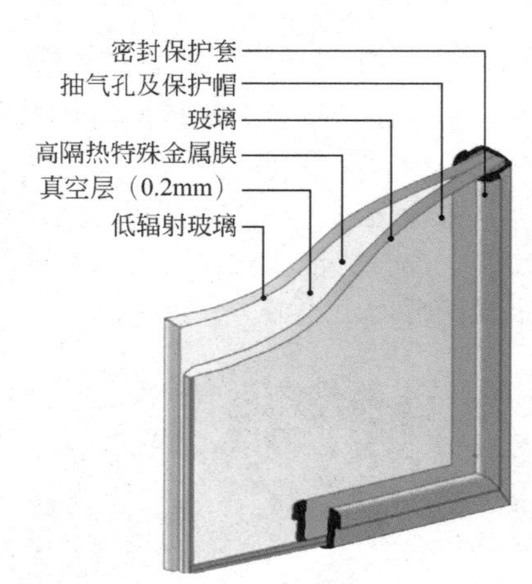

图6-5 中空玻璃结构分解图

三、表面处理

表面处理是玻璃生产中十分重要的工序。其目的与方法大致如下。

（1）化学蚀剂 目的是改变玻璃表面质地形成光滑面和散光面。用氢氟酸类溶液进行侵蚀，使玻璃表面呈现凹凸形或去掉凹凸形。

（2）表面着色　在高温或电浮条件下金属离子会向玻璃表面层扩散，使玻璃表面呈现颜色，因此可将着色离子的金属、熔盐、盐类的糊膏涂覆在玻璃表面，在高温或电浮条件下使玻璃表面着色。

（3）表面金属涂层　玻璃表面可以镀上一层金属薄膜以获得新的功能，方法有化学法和真空沉积法及加热喷涂法等。

第三节　常用会展工程玻璃材料

一、普通平板玻璃

平板玻璃是指未经其他加工的平板状玻璃制品，也称白片玻璃或净片玻璃，在工程上一般称其为青玻璃。按生产方法不同，可分为普通平板玻璃和浮法玻璃。平板玻璃是建筑玻璃中生产量最大、使用最多的一种，主要用于门窗，起采光（可见光透射率85%～90%）、围护、保温、隔声等作用，也是进一步加工成其他技术玻璃的原片。

产品分类如下。

（1）引拉法生产的普通平板玻璃　2mm、3mm、4mm、5mm四类。

引拉法生产的玻璃其长宽比不得大于2.5，其中2mm、3mm厚玻璃尺寸不得小于400mm×300mm，4mm、5mm、6mm厚玻璃尺寸不得小于600mm×400mm。

（2）浮法玻璃　按厚度分为3mm、4mm、5mm、6mm、8mm、10mm、12mm七类。

① 什么是浮法玻璃？

浮法生产的成型过程是在通入保护气体（N_2及H_2）的锡槽中完成的。熔融玻璃从池窑中连续流入并漂浮在相对密度较大的锡液表面上，在重力和表面张力的作用下，玻璃液在锡液面上铺开、摊平、使得上下表面平整、硬化，冷却后被引上过渡辊台。辊台的辊子转动，把玻璃带拉出锡槽进入退火窑，经退火、切裁，就得到平板玻璃产品。浮法与其他成型方法比较，其优点是：适合于高效率制造优质平板玻璃，如没有波筋、厚度均匀、上下表面平整、互相平行；生产线的规模不受成型方法的限制，单位产品的能耗低；成品利用率高；易于科学化管理和实现全面机械化、自动化，劳动生产率高；连续作业周期可长达几年，有利于稳定生产；可为在线生产一些新品种提供适合条件，如电浮法反射玻璃、退火时喷涂膜玻璃、冷端表面处理等。

浮法玻璃按等级分为优等品、一级品和合格品三等（见图6-6）。

图6-6　浮法玻璃生产线

② 浮法玻璃行业标准　见表6-1。

表6-1　建筑级浮法玻璃行业标准

缺陷种类	质量要求			
气泡	长度及个数允许范围			
	长度，L $0.5mm \leqslant L \leqslant 1.5mm$	长度，L $1.5mm < L \leqslant 3.0mm$	长度，L $3.0mm < L \leqslant 5.0mm$	长度，L $L > 5.0mm$
	$5.5 \times S$，个	$1.1 \times S$，个	$0.44 \times S$，个	0，个
夹杂物	长度及个数允许范围			
	长度，L $0.5mm \leqslant L \leqslant 1.0mm$	长度，L $1.0mm < L \leqslant 2.0mm$	长度，L $2.0mm < L \leqslant 3.0mm$	长度，L $L > 3.0mm$
	$5.5 \times S$，个	$1.1 \times S$，个	$0.44 \times S$，个	0，个
点状缺陷密集度	长度大于1.5mm的气泡和长度大于1.0mm的夹杂物；气泡与气泡、夹杂物与夹杂物或气泡与夹杂物的间距应大于300mm			
线道	按5.3.1检验肉眼不应看见			
划伤	长度和宽度允许范围及条数			
	宽0.5mm，长60mm，$3 \times S$，条			
光学变形	入射角：2mm 40°；3mm 45°；4mm以上50°			
表面裂纹	按5.3.1检验肉眼不应看见			
断面缺陷	爆边、凹凸、缺角等不应超过玻璃板的厚度			

注：S为以平方米为单位的玻璃板面积，保留小数点后两位。气泡、夹杂物的个数及划伤条数允许范围为各系数与S相乘所得的数值，应按GB/T 8170修约至整数。

③ 浮法玻璃的外观质量要求

a. 颜色：质量上乘的应是无色透明的或浅绿色的。

b. 玻璃表面不允许有擦不掉的附着物。

c. 厚度应均匀一致。同一片玻璃的厚度偏差应小于0.2～0.3mm。

d. 不应有裂纹，边部不应有明显缺残。通过光线观察，不允许有沾锡、麻点、夹杂物、线道和磨痕。在$0.5m^2$的面积内，不能有直径在2mm以上的气泡，直径在1mm左右的气泡要很少，而且不能集中分布。

e. 在一定方向观察，会产生光学畸变的光畸变点，不能超过两个。如果有波纹，那么以30°透过玻璃观察4～5m内的物体，不应产生变形。

f. 同一片玻璃上，气泡、麻点、砂粒、光畸变点的外观缺陷不能同时集中存在，相互间的最小距离，至少应在10cm以上（见图6-7）。

④ 应用　浮法玻璃主要用作汽车、火车、船舶的门窗风挡玻璃，建筑物的门窗玻璃、制镜玻璃以及玻璃深加工原片。

玻璃按其厚度可分为以下几种规格：

浮法玻璃：3mm、4mm、5mm、6mm、8mm、10mm、12mm七类。

浮法玻璃尺寸一般不小于1000mm×1200mm，厚度为5mm、6mm的尺寸最大可达3000mm×4000mm（见图6-8）。

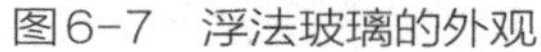

图6-7 浮法玻璃的外观

图6-8 浮法玻璃应用案例

二、磨砂玻璃

磨砂玻璃又称为毛玻璃，它是将平板玻璃的表面经机械喷砂、手工研磨或用氢氟酸溶蚀等方法处理成均匀毛面而成。由于表面粗糙，只能透光而不能透视，多用于需要隐秘或不受干扰的房间，如浴室、卫生间和办公室的门窗等，也可用作黑板。

三、压花玻璃

压花玻璃又称为滚花玻璃，是在平板玻璃硬化前用带有花样图案的滚筒压制而成的。由于压花玻璃表面凹凸不平而具有不规则的折射光线，可将集中光线分散，使室内光线柔和，且有一定的装饰效果。常用于办公室、会议室、浴室及公共场所的门窗和各种室内隔断（见图**6-9**）。

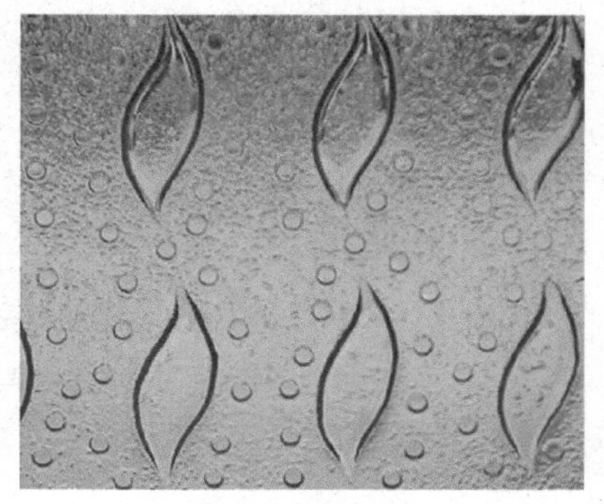

图6-9 压花玻璃图例

四、夹丝玻璃

将编织好的钢丝网压入已软化的玻璃，即制成夹丝玻璃。这种玻璃的抗折强度高，抗冲击能力和耐温度剧变的性能比普通玻璃好。破碎时其碎片附着在钢丝上，不致飞出伤人，用于公共建筑的走廊、防火门、楼梯、厂房天窗及各种采光屋顶等。

五、光致变色玻璃

在玻璃中加入卤化银，或在玻璃与有机夹层中加入铝和钨的感光化合物，就能获得光致变色性。光致变色玻璃受太阳或其他光线照射时，颜色随着光线的增强而逐渐变暗；照射停止时又恢复原来的颜色。目前，光致变色玻璃的应用已从眼镜片开始向交通、医学、摄影、通信和建筑领域发展。

六、泡沫玻璃

泡沫玻璃是以玻璃碎屑为原料，加少量发气剂，经发泡炉发泡后脱模退火而成的一种多孔轻质玻璃。其孔隙率可达80%～90%，气孔多为封闭型的，孔径一般为0.1～5.0mm。特点是热导率低，机械强度较高，表观密度小于160kg/m^3。不透水、不透气，能防火，抗冻性强，隔声性能好。可锯、钉、钻，是良好的绝热材料，可用作墙壁、屋面保温，或用于音乐室、播音室的隔声等。

七、激光玻璃

激光（英文Laser的音译）玻璃是国际上十分流行的一种新型建筑装饰材料。它是以平板玻璃为基材，采用高稳定性的结构材料，经特殊工艺处理，从而构成全息光栅或其他图形的几何光栅。在同一块玻璃上可形成上百种图案。

激光玻璃的特点在于，当它处于任何光源照射下时，都将因衍射作用而产生色彩的变化；而且，对于同一受光点或受光面而言，随着入射光角度及人的视角的不同，所产生的光的色彩及图案也将不同。五光十色的变幻给人以神奇、华贵和迷人的感受。其装饰效果是其他材料无法比拟的。

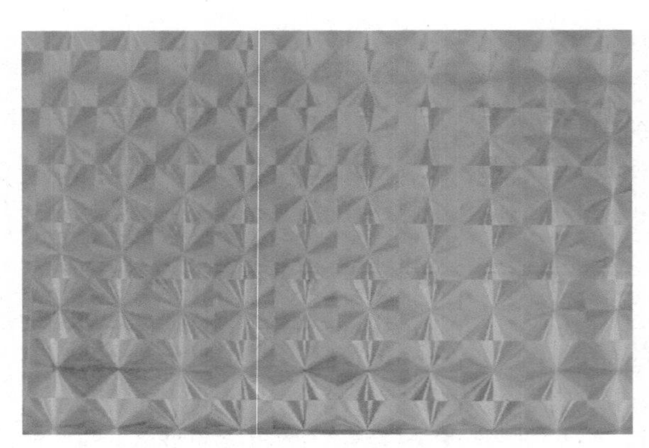

图6-10　激光玻璃效果

目前国内生产的激光玻璃的最大尺寸为1000mm×2000mm。在此范围内有多种规格的产品可供选择。

激光玻璃是用于宾馆、饭店、电影院等文化娱乐场所以及商业设施装饰的理想材料，也适用于民用住宅的顶棚、地面、墙面及封闭阳台等的装饰。此外，还可用于制作家具、灯饰及其他装饰性物品（见图6-10）。

八、钢化玻璃

钢化玻璃是将平板玻璃按产品要求进行切割、磨边、洗涤干燥，然后将其加热到接近玻璃软化温度，并立即急剧冷却而制成的。钢化玻璃表面形成均匀的压应力，内层呈现相应的张应力，所以钢化玻璃是一种高强度的安全玻璃。抗弯强度和抗冲击强度是普通玻璃的四倍以上。且破碎后，其碎片呈颗粒状，提高了产品的使用安全性。

生产钢化玻璃的工艺有两种：一种是将普通平板玻璃或浮法玻璃在特定工艺条件下，经淬火法或风冷淬火法加工处理而成。另一种是将普通平板玻璃或浮法玻璃通过离子交换方法，将玻璃表面成分改变，使玻璃表面形成一层压应力层加工处理而成。

钢化玻璃具有抗冲击强度高（比普通平板玻璃高4～5倍）、抗弯强度大（比普通平板玻璃高5倍）、热稳定性好以及光洁、透明、可切割等特点。钢化玻璃的耐热冲击性能很好，最大的安全工作温度为287.78℃，并能承受204.44℃的温差。故可用来制造高温炉门上的观测窗、辐射式气体加热器和干燥器等。在遇超强冲击破坏时，碎片呈分散细小颗粒状，无尖锐棱角，故又称安全玻璃。钢化玻璃不能切割、磨削，边角不能碰击，使用时需选择现成尺寸规格或提出具体设计图纸加工定做。此外，钢化玻璃在使用过程中严禁溅上火花。否则，当其再经受风压或震动时，伤痕将会逐渐扩展，导致破碎。

钢化玻璃按形状分为平面钢化玻璃和曲面钢化玻璃。平面钢化玻璃厚度有4mm、5mm、6mm、8mm、10mm、12mm、15mm、19mm八种；曲面钢化玻璃厚度有5mm、6mm、8mm三种。

在展示工程中经常使用平板玻璃与钢架制作背景，用钢化玻璃与钢架制作地台及展柜（见图6-11）。

图6-11　钢化玻璃地台应用案例

第七章
会展工程纤维织品材料

传统的装饰纤维织品主要包括地毯、墙布、窗帘、台布、沙发及靠垫等。这类纺织品的色彩、质地、柔软性及弹性等均会对室内的质感、色彩及整体装饰效果产生直接影响。在室内设计中，合理地选用装饰用织物，既能使室内呈现豪华气氛，又给人以柔软舒适的感觉。此外，还具有保温、隔声、防潮、防蛀、易清洗和熨烫等特点。

图7-1 装饰纤维织品图例

纤维装饰织品的应用历史悠久，如地毯的使用已有数个世纪。特别在出现了优质的合成纤维和改进的人造纤维后，室内的墙板、天花板、地板等处都广泛采用优质纤维织品作装饰材料、隔热材料和吸声材料。

因原料的种类与材质不同，纤维的内部构造及化学、物理力学性能各不相同。加之使用形态与纺织方法的差异，纤维织品的外观及其他性质也不相同。因此，要正确恰当地选择纤维织品作为室内景观、光线、质感与色彩的烘托材料，必须了解其材料组成、性能特点及加工方法等。装饰纤维织品虽然已经在大量使用，但一般使用者对它的性能并未完全掌握，这一点要引起注意。特别是在我国，装饰纤维织品的应用对大多数人来说，还没有十分可靠的经验（见图7-1）。

第一节 纤维装饰织品的简介

纺织装饰品是依其使用环境与用途的不同进行分类的。一般分为地面装饰、墙面贴饰、挂帷造型、家具覆饰与纤维工艺美术品五大类。

1. 地面装饰类纺织品

地面装饰类纺织品为软质铺地材料——地毯。地毯具有吸声、保温、行走舒适和装饰作用。地毯种类很多，目前使用较广泛的有手织地毯、机织地毯、簇绒地毯、针刺地毯、编结地毯等。

2. 墙面贴饰类纺织品

墙面贴饰类纺织品泛指墙布织物。墙布具有吸声、隔热、调节室内湿度与改善环境的作用。墙布较常见的有黄麻墙布、印花墙布、无纺墙布、植物纺织墙布。此外，还有较高档次的丝绸墙布、静电植绒墙布、仿麂皮绒墙布等。

3. 挂帷造型类纺织品

挂帷造型装饰类纺织品是挂置于门、窗、墙面等部位的织物，也可用作分割室内空间的屏障以及展览辅助造型，具有隔声、遮蔽、美化环境及辅助造型等作用。常用的织物有薄型窗纱，中、厚型窗帘，垂直帘，横帘，卷帘，帷幔，造型弹力布等。

4. 家具覆饰类纺织品

家具覆饰类纺织品是覆盖于家具之上的织物，具有保护和装饰的双重作用。主要有沙发布、沙发套、椅垫、椅套、台布、台毯等。此外，还可用于公共运输工具，如汽车、火车、飞机上的椅套与坐垫织物。

5. 纤维工艺美术品

纤维工艺美术品是以各式纤维为原料编结、制织的艺术品，主要用于装饰墙面，为纯欣赏性的织物。这类织物有平面挂毯、立体型现代艺术壁挂等（见图7-2）。

图7-2 纤维装饰织品应用图例

第二节 会展常用纤维材料及其特点

纺织装饰品所使用的纤维原料包括天然纤维和化学纤维两大类。这两类纤维各有其优点和特性。能适应多种装饰织物质地、性能的不同要求。由于现代化学工业的发展，不少新原料、新纤维相继问世，给现代会展工程中纺织装饰品的发展提供了日益广泛的原料来源。

一、天然纤维织品

天然纤维是传统的纺织原料，分棉、毛、丝、麻等。这类纤维有使用舒适、外观自然优美的特性，在现代纺织装饰面料中占有十分重要的地位，许多高档装饰用的织物，以及床上用纺织品大都选用天然纤维做原料，由于它们具有化学纤维所无法比拟的特性，加之天然资源开发的有限性，天然纤维的合理使用正在得到进一步的重视。

1. 棉纤维

棉纤维是纺织纤维中最重要的植物纤维。主要成分是纤维素，一般呈白色或淡黄色。棉纤维具有良好的物理性质和化学性质，由于纤维表面呈螺旋状及内部的多孔性结构，使其具有很好的吸湿性和透气性。以棉花为原料制成的床上用装饰纺织品（如床单、被套、枕套及毛巾类织物等），具有手感柔软、保暖性能好等优点，最适合目前我国人民的经济状况和卫生要求。

棉纤维的特点如下。

① 棉纤维还具有较好的拉伸和压缩恢复弹性，耐疲劳性能也较好，是制作靠垫、沙发（如传统的多色提花沙发布、填芯椅绸等）的良好原料，棉织品的窗帘有良好的耐日晒性能。

② 棉纤维对染料具有天然的亲和性，故装饰印花布可以印染出变化丰富、色彩鲜艳的图案。

③ 另外，棉织物耐久性较好，且不易卷缩，是室内装饰布的理想材料。如坚固的躺椅帆布、柔软的被用绒布、细密光滑的缎纹餐巾等。棉纤维多方面的适应性是其他纤维无可比拟的。

2.羊毛

早在公元3世纪时，中亚地区就出现了毛纱制成的手工编织品，可以说，从那时起人们就开始利用羊毛制作纺织装饰品了。

羊毛纤维柔软而富有弹性，羊毛织物手感丰润、色泽柔和，具有良好的保暖性，是制作传统防寒织物的高档原料。在装饰织物中，常用于制织毛毯（绒毯）、床罩、家具铺设织物、帷幕等。羊毛纱也是制作地毯、壁挂的主要原料。目前常用品种有各种绵羊毛（如澳毛）、马海毛（又称安哥拉山羊毛）等。除毛纱外，各类绒线也是装饰编织品的主要材料。

由于羊毛价格较高，常采用羊毛与其他原料混纺，这样既降低成本，又可以提高原料的综合性能。

3.蚕丝

丝是我国利用较多的纺织原料之一。除一般长丝外，装饰面料使用较多的是绢丝。蚕丝有着较好的强伸度，纤维细腻，其织物光泽好、手感滑爽、吸湿透气。但蚕丝的耐日光性较差，长时间的阳光照射会使其逐渐变黄、丝质脆化、强度降低。

4.麻

目前我国装饰织物生产中，所用的麻纺织原料主要有亚麻、苎（zhù）麻和黄麻。亚麻纤维是将麻茎进行一定加工制成的纺织原料。长期以来亚麻多用于生产粗犷、坚牢的帆布及茶巾、台布类织物。近年来，随着现代审美情趣的变化，以亚麻制作各种装饰面料的趋势正在发展，比较突出的有墙布面料。此外，在现代装饰纤维艺术品中，亚麻也已被广泛地选用。

苎麻是麻纤维中品质最好的纺织纤维，可以纯纺，也可混纺，有一定的加工深度。苎麻纱具有凉爽、挺括、透气、吸湿等优点，可制成漂白织物、印花织物，染色织物以及高级餐巾、台布、床单、被套等，还可用于制作风格新颖的定型片式窗帘。苎麻也是刺绣工艺品的理想原料。

黄麻纤维较粗，可纺性能不如亚麻与苎麻，目前只限于织制低档的黄麻地毯和地毯底布等（见图7-3）。

图7-3　天然纤维织品图例

二、化学纤维织品

化学纤维的优点是资源广泛，易于制造，具备多种性能，物美价廉。目前，装饰纺织品常用的化学纤维有人造纤维、合成纤维。

1. 人造纤维

人造纤维是采用天然纤维素纤维或蛋白质纤维为原料，经化学处理和机械加工而成的纤维。主要有黏胶人造丝、醋酯人造丝、铜氨人造丝、人造棉等。

2. 合成纤维

（1）涤纶　涤纶是聚酯纤维的商品名称，也是装饰织物中运用比较广泛的合成纤维，具有强度高、耐日光、耐摩擦、不霉不蛀、不易折皱的优点。涤纶长丝常用于制作各种丝织物经线和窗纱织物。

（2）锦纶　锦纶是聚酰胺纤维的商品名称，通常纺织品所用的聚酰胺纤维有尼龙6、尼龙66（又称锦纶）。锦纶纤维具有抗张力强、耐屈曲、耐磨、强度高，弹性好、染色容易、耐寒、耐蛀、耐腐蚀等优点。

锦纶短纤维除纯纺外，常与天然纤维棉、毛混纺。前者经特殊加工，能够织成在性能和外观上可与羊毛媲美且价格便宜的装饰织物，目前在欧洲汽车用的织物中这类织物受到普遍的欢迎。混纺纤维能够充分利用天然纤维良好的舒适性能和锦纶纤维的高强度特性，广泛应用于铺垫型织物之中。

（3）腈纶　腈纶是聚丙烯腈纤维的商品名称。国外又称奥纶、开司米纶等。有长纤维和短纤维两种，长纤维像蚕丝，短纤维像羊毛，称人造毛。

腈纶纤维表现蓬松、保暖性强、手感柔软，具有良好的耐气候性和不受微生物侵蚀的性能。由于它有特殊的耐日光性，很适宜制作窗帘和户外装饰织物，也可利用它的热性能，制成膨体纱，纺制绒线、毛毯等，另外还可以制造人造皮毛。

（4）丙纶　丙纶是聚丙烯纤维的商品名称，以石油精炼的副产物丙烯为原料制得。原料来源丰富，生产工艺简单，价格比其他合纤低廉。丙纶纤维的密度（0.91g/cm^3）是合成纤维中最轻的。具有耐磨损、耐腐蚀、强度高、蓬松性与保暖性好等特点（见图7-4）。

图7-4　化学纤维织品图例

第三节　会展常用纤维材料的应用

现代会展业中，纤维织品材料也是不可缺少的重要材料，常用的有地毯、墙布、沙发和弹力布等，其中装饰墙布、地毯和弹力布是应用最广泛的一类材料。

一、地毯

地毯是一种高级地面装饰品，有悠久的历史，也是一种世界通用的装饰材料。它不仅具有隔热、保温、吸声、挡风及弹性好等特点，而且铺设后可以使室内具有高贵、华丽、悦目的氛围。所以，它是自古至今经久不衰的装饰材料，广泛应用于现代建筑和民用住宅。

地毯按材质分为纯毛地毯、混纺地毯、化纤地毯和塑料地毯。

1.几类地毯的特点与应用

（1）手工编织纯毛地毯　国产手工编织纯毛地毯是用绵羊毛纺纱染色后，按照设计图样织造而成。手工纺织纯羊毛地毯图案优美，色泽鲜艳，富丽堂皇，质地厚实，富有弹性，柔软舒适，经久耐用。但由于做工精细，价格较高，常用于高级会议场所、大型饭店及住宅。

图7-5　纯毛地毯图例

（2）机织纯毛地毯　机织纯毛地毯具有与手工纺织纯毛地毯相似的使用性能，毯面平整，光泽好，脚感舒适，抗磨耐用等。与化纤地毯相比，有高回弹、抗静电、耐老化、耐燃和感觉舒适等优点。能工业化大批量生产，价格适中。

机织纯毛地毯适用于宾馆、饭店的客房、楼梯及大多数公用场所，也可以在家庭中满铺使用。这种地毯有阻燃产品，用于高层建筑居室及公用场合等防火要求较高的场所（见图7-5）。

（3）纯羊毛无纺织地毯　纯羊毛无纺织地毯是以粗羊毛为原料，采用针刺、针缝、黏合、静电植绒等无纺织成型方法制成，它是近几年发展起来的新品种，具有质地均匀、物美价廉、使用方便等特点。广泛用于宾馆、体育馆、剧院及其他公共场合。

（4）化纤地毯　化纤地毯是一种新型铺地材料，它作为传统羊毛地毯的替代品迅速发展。化纤地毯原料来源广泛，可以机械化大批量生产，产品价格低廉，耐虫蛀，易清洗，受到人们的欢迎。我国于20世纪80年代大量引进和发展了化纤地毯生产技术，产品质量已达到国外同类产品的水平（见图7-6）。

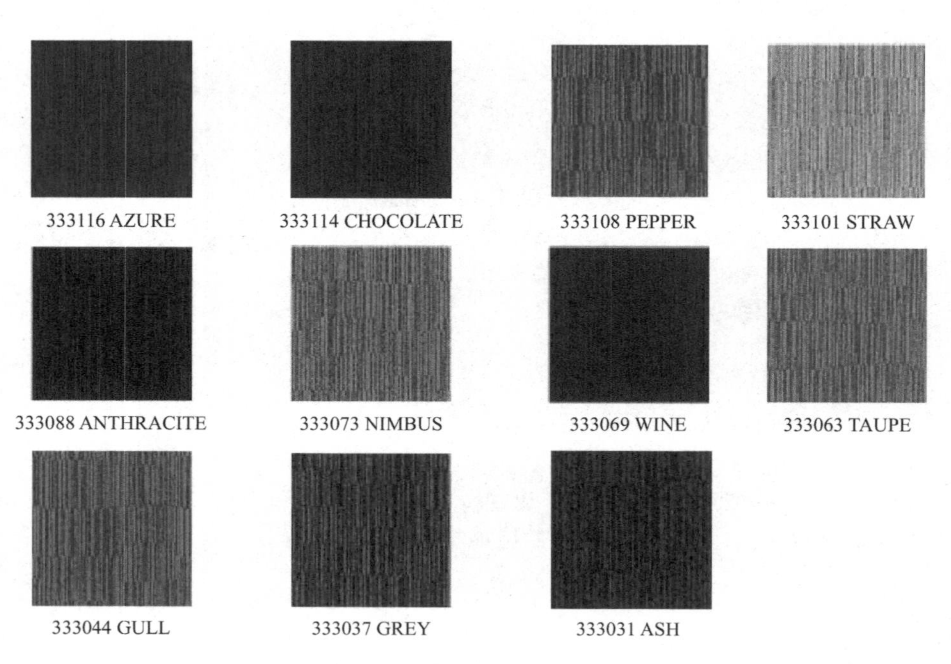

图7-6　化纤地毯品种图例

（5）橡胶地毯　橡胶地毯是以天然或合成橡胶配以各种化工原料，热压硫化成型的卷状地毯。它具有色彩鲜艳、柔软舒适、弹性好、耐水、防滑、易清洗等特点。特别适用于卫生间、浴室、游泳池、车辆及轮船走道等特殊环境。各种绝缘等级的特制橡胶地毯还广泛用于配电室、计算机房等场合（见图7-7）。

2. 地毯的保养

地毯在使用过程中应注意以下几点。

① 暂时不用的地毯，应沿顺毛方向卷起来，存放于阴冷干燥处。打卷时应做到毯边齐整，不得出现螺丝状边缘。同时撒放防虫药物，并用防潮物品包裹，以防受潮或被污染。

② 在地毯上放置家具时，接触地毯的部分最好用垫片隔离，以减轻对毯面的压力，避免产生变形。

③ 铺设地毯应尽量避免阳光直射。使用过程中，不得沾染油污、酸性物质、茶渍等。如有沾污，应及时清除。

④ 使用过程中，应做好经常性的清扫除尘工作，最好每天用吸尘器沿着顺行方向轻轻清扫一遍。所使用的清洁工具不得带有齿状或边缘粗糙，以免损坏地毯。

⑤ 地毯如出现局部虫蛀或磨损，应由专业人员及时修复。

在展示工程中经常用地毯分割区域，地毯是展位区域内常用的地面铺装材料（见图7-8）。

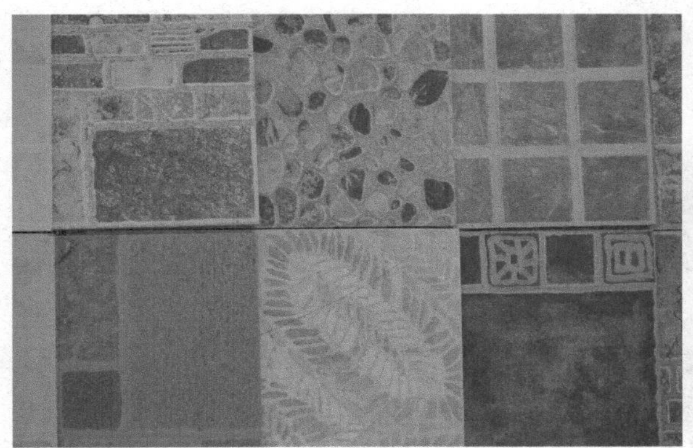

图7-7　橡胶地毯图例

图7-8　会展现场的纤维地毯应用案例

二、装饰墙布

1. 装饰墙布的性能要求

（1）平挺性能　墙布织物需平挺而有一定弹性，无缩率或缩率较小，尺寸稳定性好，织物边缘整齐平直，不弯曲变形，花纹拼接准确不走样。这些织物本身品质性能的优劣直接影响到裱贴施工的效果。多幅墙布拼接粘贴于墙面后需达到平整一致“天衣无缝”的视觉效应。墙布还应具有相当密度与适当厚度，若织物过于稀疏单薄，一些水溶性的黏合剂就可能渗透到织物表面，形成色斑。

（2）粘贴性能　墙布必须具备较好的粘贴性，粘贴后织物表面平整挺括，拼缝齐整，无翘起剥离现象产生。墙布粘贴性除要求有足够的黏敷牢度，使织物与墙面结合平服牢固外，还应具有重新施工时易于剥离的性能。因为墙布使用一段时间后需更换新的花色品种，这就要求旧墙布在剥脱时方便，易于清除。

（3）耐污、易于除尘　墙布大面积暴露于空气中，极易积聚灰尘，易受霉变虫蛀等自然污损。为此要求墙布具有较好的防腐耐污性能，能经受空气中细菌、微生物的侵蚀不发霉，纤维有较强的抗污染能力，日常去污除尘需方便易行，一般以软刷子和真空吸尘器能有效除尘。有些墙布为达到较好的除尘耐污要求，可作拒水、拒油处理，经处理后不易沾尘，也能进行揩擦清洗，但对墙布的保温性能以及织物表面风格有一定影响。

（4）耐光性　墙布虽然装饰于室内，但也经常受到阳光的照射，为了保持织物的牢度和花纹色彩的鲜艳，要求纤维具有较好的耐光性，不易老化变质。染料的化学稳定性好，日光照晒后不褪色。

图7-9　装饰墙布的花色种类

（5）吸声、阻燃性　有些特殊需要的墙布还需具备良好的吸声、阻燃性能。需要纤维材料能吸收声波，使噪声得以衰减；同时利用织物组织结构使墙布表面具有凹凸效应，增强吸声性能。墙布的阻燃防火性则根据不同的环境作出规定。这需将墙布粘贴在假设的墙壁基材上进行试验，根据墙布的发热量、发烟系数、燃烧所产生的气体毒性进行测试判断，以确定阻燃性的优劣（见图7-9）。

2. 棉纺墙布

棉纺墙布是装饰墙布之一。它是将纯棉平布经过前处理、印花、涂层制作而成。这种墙布强度大，静电小，蠕变小，无味，无毒，吸声，花型繁多，色泽美观大方。用于宾馆、饭店等公共建筑及较高级的民用住宅的装修。可在砂浆、混凝土、石膏板、胶合板、纤维板及石棉水泥板等多种基层上使用。

棉纺墙布的主要技术性能指标见表7-1。

表7-1　棉纺墙布的主要技术性能指标

产品名称	规格	技术性能
棉纺墙布	厚度：0.35mm	断裂强度（纵向）：770N/（5cm×20cm） 断裂伸长度：纵向3%，横向8% 耐磨性：500～522次 静电效应：静电值184V，半衰期1s 日晒牢度：7级 刷洗牢度：3～4级 湿摩擦：4级

3. 无纺贴墙布

无纺贴墙布是采用棉、麻等天然纤维或涤纶、腈纶等合成纤维，经过无纺成型、上树脂、印花而成的一种新型贴墙材料。这种贴墙布的特点是挺括、有弹性、不易折断、耐老化、对皮肤无刺激作用等，而且色彩鲜艳，粘贴方便，具有一定的透气性和防潮性，能擦洗而不褪色。无纺贴墙布适用于各种建筑物的内墙装饰。其中，涤纶棉无纺贴墙布还具有质地细洁、光滑等特点，尤其适用于高档宾馆及住宅的装修。

无纺贴墙布的规格及性能指标列于表7-2中。

表7-2 无纺贴墙布的规格及性能指标

产品名称	规格	技术性能
涤纶无纺贴墙布	厚度：0.12 ～ 0.18mm 宽度：850 ～ 900mm 单位质量：75g/m^2	强度（平均）：2.0MPa 粘贴牢度（白乳胶或化学糨糊粘贴） （1）混合砂浆墙面：5.5N/25mm （2）油漆墙面：3.5N/25mm
麻无纺贴墙布	厚度：0.12 ～ 0.18mm 宽度：850 ～ 900mm 单位质量：100g/m^2	强度（平均）：1.4MPa 粘贴牢度（白乳胶或化学糨糊粘贴） （1）混合砂浆墙面：2.0N/25mm （2）油漆墙面：1.5N/25mm
无纺印花贴墙布	厚度：0.8 ～ 1.0mm 宽度：920mm 长度：50m/卷	强度（平均）：2.0MPa 耐磨牢度：3 ～ 4级 胶黏剂：聚醋酸乙烯乳胶

4.化纤墙布

化纤墙布是以涤纶、腈纶、丙纶等化纤布为基材，经处理后印花而成。这种墙布具有无毒、无味、透气、防潮、耐磨、无分层等特点。适用于各类建筑的室内装修。花色品种繁多，主要规格为宽820 ～ 840mm，厚0.15 ～ 0.18mm，每卷长50m。

5.纺织纤维壁纸

（1）特点　由棉、毛、麻、丝等天然纤维及化学纤维制成各种色泽、花式的粗细纱或织物，再与木浆基纸贴合制成。用扁草、竹丝或麻皮条等经漂白或染色，再与棉线交织后同基纸贴合制成的植物纤维壁纸也与此类似。贴合胶黏剂可选用PVA或丙烯酸系胶黏剂。

纺织纤维壁纸无毒、吸声、透气，有一定的调湿和防止墙面结露长霉的功效。它的视觉效果好，特别是天然纤维以它丰富的质感具有十分诱人的装饰效果。它顺应现代社会“崇尚自然”的心理潮流，作为一种高级装饰材料在国外已得到广泛应用。近年来我国一些宾馆进口使用了这种壁纸。西安建筑材料厂也已开始生产这种壁纸，已为国内许多宾馆、饭店、办公楼、学校、商场及家庭室内选用，并已进入国际市场。

纺织纤维壁纸的规格、尺寸及施工工艺与一般壁纸相同。裱糊时先在壁纸背面用湿布稍揩一下再张贴，不用提前用水浸泡壁纸，接缝对花也比较简便（见图7-10）。

图7-10　纺织纤维壁纸图例

（2）生产工艺　纺织纤维壁纸的生产过程包括纱线或织物的纺织和壁纸生产两部分。

① 纱线或织物的纺织　与壁纸生产配套的纺织生产工艺及制品种类多种多样。有利用一些简单设备及手工工艺就能生产的独具特色的编织织物，也有利用新型摩擦纺纱机、气流纺纱机、环锭精纺机、特殊捻线机及织机等生产的多种艺术格调的纱线及织物。尤其是近几年开发生产的许多截面分布不规格、结构不同或色泽各异的花式纱线，诸如结

子纱、短纤竹结纱、雪花纱、色蕊、珠圈纱、雪尼尔纱、混色纱等，外形新颖、花色绚丽、种类繁多、富于艺术表现力，使纺织纤维壁纸显示了特殊的魅力。

② 壁纸生产　纺织纤维壁纸生产一般包括纱线及织物预整理、进纸、纱线或织物输入、上胶、复合、加压、热烘、冷却、裁切、卷取等工艺过程。

纺织纤维壁纸生产时由于复合于基纸上的纱线品种、色泽、粗细及编排方式可任意组合生产出多种产品，而不必像塑料壁纸那样经复杂工艺制造成套花辊才能增加花色品种。因此，纺织纤维壁纸在花样更新上具有灵活机动的特点。

（3）产品性能与标准　纺织纤维壁纸的性能要求与一般壁纸基本相同，但仍然有自己的特点，因此已制定了标准草案，规定的理化性能如下：

① 耐光色度不低于4级；

② 耐摩擦色牢度、干摩擦不低于4级，湿摩擦不低于4级；

③ 不透明度不低于90%；

④ 湿润强度纵向不低于4N/1.5cm，横向不低于2N/1.5cm；

⑤ 甲醛释放不高于2mg/L。

此外，对用户有特殊要求的功能性壁纸产品，可进行阻燃性、耐硫化氢污染、耐水、防污、防霉及可洗性特殊性能试验。

目前，纺织纤维壁纸防污及可洗性尚差，应进一步改进。

采用麻草、席草、龙须草等天然植物为原料，以手工或其他方式编织成各种图案的织物，再衬以底层材料制作的壁纸，有其特殊的装饰性。

麻草壁纸的特点与规格如下。

麻草壁纸是以纸为底层，以编织的麻草为面层，经复合加工而成的新型室内装饰材料，具有阻燃、吸声、散潮湿、不吸气、不变形等特点。并具有自然、古朴、粗犷的大自然之美，给人以置身于自然原野之中的感觉，适用于会议室、接待室、影剧院、酒吧、舞厅、饭店、宾馆、商店橱窗的装饰。厚度：0.3 ～ 1.3cm。宽：960cm。长：5500cm、7320cm。

6. 平绒织物

平绒织物是一种毛织物，属于棉织物中较高档的产品。这种织物的表面被耸立的绒毛所覆盖，绒毛高度一般为1.2mm左右，形成平整的绒面，所以称为平绒。

平绒织物具有以下特点：①耐磨性较之一般织物要高4 ～ 5倍。因为平绒织物的表面是纤维断面与外界接触，避免了布底产生摩擦；②平绒表面密布着耸立的绒毛，故手感柔软且弹性好、光泽柔和，表面不易起皱；③布身厚实，且表面绒毛能形成空气层，因而保暖性好。所以平绒织物很受人们喜爱，常用于日常生活及建筑装饰等方面（见图7-11）。

平绒织物根据绒毛的形成方法可分为经平绒和纬平绒两大类。经平绒是将织物的双层从中间割断，形成单层织物，经刷绒等后处理而成；纬平绒是将绒纬割断并经刷绒等后处理而成。经平绒一般绒毛较长，织造工艺复杂，织疵较多，但效率较高，织绒工艺简单；纬平绒质地较薄，手感好，有光泽，但后整理加工工艺较复杂。目前国内生产的平绒织物大多数是经平绒，仅少数厂有纬平绒产品。

（1）外观　优良的平绒织物产品外观应达到绒毛丰满直立、平齐匀密、绒面光洁平整、色泽柔和、方向性小、手感柔软滑润、富有弹性等要求。具体要求如下：① 绒毛及绒面要平、直、竖、密、匀、洁；② 光泽要柔和、均匀，无倒毛闪光；③ 色泽要纯正、鲜艳，无条花；④ 手感要柔软、滑润、有弹性；⑤ 布边要平直、整齐、紧密、两边宽度一样（见图7-12）。

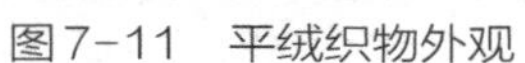
图7-11　平绒织物外观

图7-12　平绒织物花色图例

（2）平绒织物的特征指标

① 绒毛截面覆盖率　绒毛截面覆盖率是绒毛截面积的总和占地布总面积的百分数。绒毛截面覆盖率高，表示绒面的丰满程度好。

② 绒面绒毛高度　绒面绒毛高度是指割绒后直立于织物表面上单根绒毛的平均高度。绒毛的高度较高时，绒面较直，弹性较差，但绒面比较丰满。

③ 绒面丰满度　绒面的丰满度是指单位面积地布上的绒毛体积。它包含了绒毛的覆盖率与绒毛高度两个因素。绒面丰满度的单位为“密”。“密”数越高，则绒面越丰满。常见的纬平绒的绒面丰满度在11密左右，经平绒的绒面丰满度在15密左右。

④ 绒毛固结紧度　绒毛固结紧度是表示绒纱在织物组织中受地经纱和压绒经纱排列挤压的程度。固结紧度越大，则绒毛固结牢度越好，越不容易脱毛。纬平绒的固结紧度用绒纬纱方向的组织紧度来表示，其值等于织物经向紧度加上绒纱与经纱交织点紧度的和。经平绒的绒毛固结紧度则表示绒经纱在织物组织中受纬纱排列挤压的程度。

⑤ 绒面覆盖均匀度　绒面覆盖均匀度是用绒面绒毛经、纬向间距的比值来表示的。它是关系到能否获得良好平绒风格的一个重要指标。绒毛的覆盖均匀度以越接近100%越好。该指标等于100%时，表示绒毛经、纬向的间距相等，这时绒面绒毛分布均匀、丰满、无条影，具有良好的平绒风格。

（3）平绒织物的应用　平绒织物用于室内装饰主要是外包墙面或柱面及家具的坐垫等部位。为了增加平绒织物的弹性及手感效果，绒布背后常衬以泡沫塑料，其目的是使绒布墙面更加丰满。在构造上，绒布墙面一般由三部分组成：基层固定3mm左右厚的夹板，在夹板上固定1cm厚的泡沫塑料，然后再将绒布用压条固定。为了增加墙面的装饰效果，常用铜压条或不锈钢压条，每隔1～2mm作竖向分割。基层的墙面要干燥，如果背面是潮气较大的房间，则在夹板背面还应作防潮处理。在绒布与地面交接部位，多用木踢脚板过渡，用木踢脚板封边（见图7-13）。

图7-13　平绒织物的应用案例

三、弹力布

弹力布是一种罗纹组织的有弹性的布料（俗称弹力布）。

罗纹组织是由正面纵行和反面线圈纵行以一定的组合规律相间配置而成的。罗纹组织的正、反面线圈不在同一平面上，每一面的线圈纵行互相毗连。罗纹组织的种类很多，视正、反面线圈纵行数的不同而异，通常用数字代表其正、反面线圈纵行数的组合，如1+1罗纹、2+2罗纹或者5+3罗纹等，可形成不同外观风格与性能的罗纹织物。

1.弹力布的类型

弹力布是近几年会展业在造型设计和工程施工中应用日趋广泛的一类纺织材料，一般与钢架结合使用，钢架是造型的骨架，绷上弹力布造型，形成色彩多样、形状各异的会展造型，丰富造型元素，形成不同的材质对比。在会展工程中常用的类型有：化纤弹力布、涤棉弹力布、涤锦弹力布等类型。

（1）化纤弹力布

① 加工方法：无梭机织。

② 克重：80 ～ 480g/m。

③ 用途：服装用布、织带、商标、会展辅助造型。

④ 门幅：纬弹力53″ /54″ ；经弹力57″ /58″ 。

⑤ 原料及生产工艺：化纤织物。

⑥ 成分比例：N/T、N/R、T/R、N、T、SP。

⑦ 品种及价格：经向成分为100D有光fdy丝，纬向成分为100D阳离子dty包覆40D氨纶包覆丝织制，定幅50cm，320g/m，9.50元/m上下的“双层纬弹阳离子有光缎”，以漂白、彩色为主色；150D dty加约1200倍捻与100D dty包覆40D氨纶织制，定幅150cm，300g/m，7.50元/m左右的平板纬弹等。

⑧ 特点：色彩五彩缤纷、强力高、弹性好、耐磨性好、抗静电能力强、表面光滑（见图7-14）。

（2）涤棉弹力布

① 产品编号：SDL122#、SDL106#。

② 克重：160g/m。

③ 用途：服装用布、会展辅助造型。

④ 门幅：57″ /58″ 。

⑤ 原料及生产工艺：涤棉织物。

⑥ 规格：75D×50S+40D。

⑦ 成分：57%棉、40%涤、3%弹力。

⑧ 密度：SDL122#：183×80；SDL106#：183×75。

⑨ 特点：色泽亮丽，抗拉性、耐磨性好，各项牢度等物理指标稳定，手感柔软丰富（见图7-15）。

（3）涤锦弹力布

① 规格：40S+150DX50D+40D，110×82。

② 克重：约200g/m。

③ 用途：时装及辅助会展造型。

④ 门幅：48″ /50″ 。

⑤ 原料：成分以棉、涤、麻、腈为原料。

图7-14　化纤弹力布图例

图7-15　涤棉弹力布图例

⑥ 特点：手感柔软、细腻，光泽柔和，透湿透气性好，垂感强，弹性好，不易皱折。棉涤交织弹力面料，特点是弹力好，挺括，耐皱，悬垂性好，强力高（见图7-16）。

2.弹力布的应用

在会展设计及工程中，弹力布往往用于与方管架一起塑造有特点的造型。由于弹力布的弹力特点，可以塑造一些硬质板材无法完成的造型，如：蘑菇形状、花朵形状等，特异的造型加上五彩缤纷的灯光效果，可以营造出会展夺目的展示氛围；另外相对于其他材料，弹力布还具有质轻、价廉、施工方便的特点，目前已经成为了会展业不可或缺的造型辅助材料（见图7-17）。

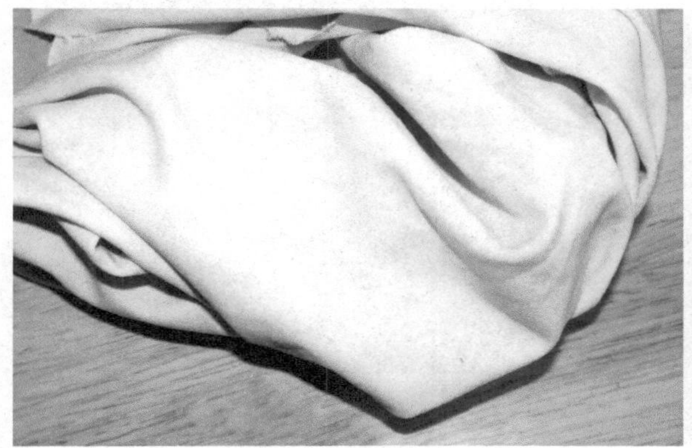

图7-16　涤锦弹力布图例

图7-17　弹力布会展应用案例

第八章
会展工程装饰涂料

涂料是指涂敷于物体表面，与基体材料很好地黏结并形成完整而坚韧保护膜的物质。由于在物体表面结成干膜，故又称涂膜或涂层。用于建筑物的装饰和保护的涂料称为建筑涂料，在现代会展工程中，涂料是会展面层材料中应用很广的材料之一。

第一节　涂料的基本组成

涂料最早是以天然植物油脂、天然树脂，如亚麻子油、桐油、松香、生漆等为主要原料的，故以前称为油漆。目前，许多新型涂料已不再使用植物油脂，合成树脂在很大程度上已经取代天然树脂。因此，我国已正式采用涂料这个名称，而油漆仅仅是一类油性涂料而已（见图8-1）。

图8-1　各类装饰涂料图例

一、主要成膜物质

主要成膜物质也称胶黏剂或固着剂。其作用是将涂料中的其他组分黏结成一体，并使涂料附着在被涂基层的表面形成坚韧的保护膜。主要成膜物质一般为高分子化合物或成膜后能形成高分子化合物的有机物质。如合成树脂或天然树脂以及动植物油等。

1.油料

在涂料工业中，油料（主要为植物油）是一种主要的原料，用来制造各种油类加工产品、清漆、色漆、油改性合成树脂以及作为增塑剂使用。在目前的涂料生产中，含有植物油的品种仍占较大比重。

涂料工业中应用的油类分为干性油、半干性油和不干性油三类。

2. 树脂

涂料用树脂有天然树脂、人造树脂和合成树脂三类。天然树脂是指天然材料经处理制成的树脂，主要有松香、虫胶和沥青等；人造树脂系由有机高分子化合物经加工而制成的树脂，如松香甘油酯（酯胶）、硝化纤维等；合成树脂系由单体经聚合或缩聚而制得，如醇酸树脂、氨基树脂、丙烯酸酯、环氧树脂、聚氨酯等。其中合成树脂涂料是现代涂料工业中产量最大、品种最多、应用最广的涂料。

二、次要成膜物质

次要成膜物质的主要组分是颜料和填料（有的称为着色颜料和体质颜料）。但它不能离开主要成膜物质而单独构成涂膜。

1. 颜料

颜料是一种不溶于水、溶剂或涂料基料的微细粉末状的有色物质，能均匀地分散在涂料介质中，涂于物体表面形成色层。颜料在建筑涂料中不仅能使涂层具有一定的遮盖能力，增加涂层色彩，而且还能增强涂膜本身的强度。颜料还有防止紫外线穿透的作用，从而可以提高涂层的耐老化性及耐候性。

颜料的品种很多，按它们的化学组成可分为有机颜料和无机颜料两大类；按它们的来源可分为天然颜料和合成颜料；按它们所起的作用可分为白色颜料、着色颜料和体质颜料等。

2. 填料

填料又称为体质颜料。它们不具有遮盖力和着色力。这类产品大部分是天然产品和工业上的副产品，价格便宜。

在建筑涂料中常用的填料有粉料和粒料两大类。

三、辅助成膜物质

1. 溶剂和水

溶剂与水是液态建筑涂料的主要成分，涂料涂刷到基层上后，溶剂和水蒸发，涂料逐渐干燥硬化，最终形成均匀、连续的涂膜。它们最后并不留在涂膜中，因此称为辅助成膜物质。溶剂和水与涂膜的形成及其质量、成本等有密切的关系。

配制溶剂型合成树脂涂料选择有机溶剂时，首先应考虑有机溶剂对基料树脂的溶解力，此外，还应考虑有机溶剂本身的挥发性、易燃性和毒性等对配制涂料的适应性。

2. 助剂

建筑涂料使用的助剂品种繁多，常用的有以下几种类型：催干剂、固化剂、催化剂、引发剂、增塑剂、紫外光吸收剂、抗氧剂、防老剂等。某些功能性涂料还需采用具有特殊功能的助剂，如防火涂料用难燃助剂，膨胀型防火涂料用发泡剂等。

四、涂料的分类和命名代号

按使用功能，可将涂料分为装饰性涂料、防火涂料、保温涂料、防腐涂料、防水涂料、抗静电涂料、防结露涂料、闪光涂料、幻彩涂料等。

我国的涂料共分为17大类，每一类用一个汉语拼音字母为代号表示（见表8-1）。

表8-1 涂料的分类和命名代号

序号	代号	名称	序号	代号	名称
1	Y	油脂漆类	10	X	烯烃树脂漆类
2	T	天然树脂涂料	11	B	丙烯酸漆类
3	F	酚醛漆类	12	Z	聚酯树脂漆类
4	L	沥青漆类	13	H	环氧树脂漆类
5	C	醇酸树脂漆类	14	S	聚氨酯漆类
6	A	氨基树脂漆类	15	W	元素有机聚合物漆类
7	Q	硝基漆类	16	J	橡胶漆类
8	M	纤维素漆类	17	E	其他漆类
9	G	过氯乙烯漆类			

第二节　常用的会展涂料

会展涂料主要以建筑装饰涂料为主，建筑涂料的品种繁多，性能各异，下面按涂料的使用部位分别介绍外墙涂料、内墙涂料及地面涂料。

一、外墙涂料

外墙涂料的主要功能是装饰和保护建筑物的外墙面，使建筑物外貌整洁美观，从而达到美化城市环境的目的。同时能够起到保护建筑物外墙的作用，延长其使用时间。为了获得良好的装饰与保护效果，外墙涂料一般应具有以下特点。

① 装饰性好。要求外墙涂料色彩丰富多样，保色性好，能较长时间保持良好的装饰性。

② 耐水性好。外墙面暴露在大气中，要经常受到雨水的冲刷，因而作为外墙涂料应具有很好的耐水性能。某些防水型外墙涂料其抗水性能更佳，当基层墙面发生小裂缝时，涂层仍有防水的功能。

图8-2 外墙涂料粉刷效果

③ 耐沾污性好。大气中的灰尘及其他物质沾污涂层后，涂层会失去装饰效能，因而要求外墙装饰层不易被这些物质沾污或沾污后容易清除。

④ 耐候性好。暴露在大气中的涂层，要经受日光、雨水、风沙、冷热变化等作用。在这类因素反复作用下，一般的涂层会发生开裂、剥落、脱粉、变色等现象，使涂层失去原有的装饰和保护功能。因此作为外墙装饰的涂层要求在规定的年限内不发生上述破坏现象，即有良好的耐候性。此外，外墙涂料还应有施工及维修方便、价格合理等特点（见图8-2）。

二、内墙涂料

内墙涂料的主要功能是装饰及保护室内墙面，使其美观整洁，让人们处于舒适的居住环境中。为了获得良好的装饰效果，内墙涂料应具有以下特点。

① 色彩丰富，细腻，调和。

众所周知，内墙的装饰效果主要由质感、线条和色彩三个因素构成。采用涂料装饰以色彩为主。内墙涂料的颜色一般应突出浅淡和明亮，由于众多居住者对颜色的喜爱不同，因此要求建筑内墙涂料的色彩丰富多彩。

② 耐碱性、耐水性、耐粉化性良好，且透气性好。

由于墙面基层是碱性的，因而涂料的耐碱性要好。室内湿度一般比室外高，同时为了清洁方便，要求涂层有一定的耐水性及刷洗性。透气性不好的墙面材料易结露或挂水，使人产生不适感，因而内墙涂料应有一定的透气性。

③ 涂刷容易，价格合理。

1.乳胶漆

前面介绍的乳液型外墙涂料均可作为内墙装饰使用。但常用的建筑内墙乳胶漆以平光漆为主，其主要产品为醋酸乙烯乳胶漆。近年来醋酸乙烯-丙烯酸酯有光内墙乳胶漆也开始应用，但价格较醋酸乙烯乳胶漆贵（见图8-3）。

图8-3 乳胶漆色样

（1）醋酸乙烯乳胶漆　醋酸乙烯乳胶漆是由醋酸乙烯均聚乳液加入颜料、填料及各种助剂，经研磨或分散处理而制成的一种乳液涂料。该涂料具有无毒、不燃、涂膜细腻、平滑、透气性好、价格适中等优点，但它的耐水性、耐碱性及耐候性不及其他共聚乳液，故仅适宜涂刷内墙，而不宜作为外墙涂料使用。

（2）乙-丙有光乳胶漆　乙-丙有光乳胶漆是以乙-丙共聚乳液为主要成膜物质，掺入适当的颜料、填料及助剂，经过研磨或分散后配制而成的半光或有光内墙涂料。用于建筑内墙装饰，其耐水性、耐碱性、耐久性优于醋酸乙烯乳胶漆，并具有光泽，是一种中高档内墙装饰涂料。

乙-丙有光乳胶漆的特点是：① 在共聚乳液中引入了丙烯酸丁酯、甲基丙烯酸甲酯、甲基丙烯酸、丙烯酸等单体，从而提高了乳液的光稳定性，使配制的涂料耐候性好，宜用于室外；② 在共聚物中引进丙烯酸丁酯，能起到内增塑作用，提高了涂膜的柔韧性；③ 主要原料为醋酸乙烯，国内资源丰富，涂料的价格适中。

2.聚乙烯醇类水溶性内墙涂料

（1）聚乙烯醇水玻璃涂料　这是一种在国内普通建筑中广泛使用的内墙涂料，其商品名为“106”。它是以聚乙烯醇树脂的水溶液和水玻璃为胶黏剂，加入一定量的体质颜料和少量助剂，经搅拌、研磨而成的水溶性涂料。聚乙烯醇水玻璃涂料的品种有白色、奶白色、湖蓝色、果绿色、蛋青色、天蓝色等。适用于住宅、商店、医院、学校等建筑物的内墙装饰。

（2）聚乙烯醇缩甲醛内墙涂料　聚乙烯醇缩甲醛内墙涂料是以聚乙烯醇与甲醛进行不完全缩醛化反应生成的聚乙烯醇缩甲醛水溶液为基料，加入颜料、填料及其他助剂经混合、搅拌、研磨、过滤等工序制成的一种内墙涂料。聚乙烯醇缩甲醛内墙涂料的生产工艺与聚乙烯醇水玻璃内墙涂料的生产工艺相类似，成本相仿，而耐水洗擦性略优于聚乙烯醇水玻璃内墙涂料（见图8-4）。

图8-4　内墙涂料会展工程案例

三、地面涂料

地面涂料的主要功能是装饰与保护室内地面，使地面清洁美观，与其他装饰材料一同创造优雅的室内环境。为了获得良好的装饰效果，地面涂料应具有以下特点：耐碱性好、黏结力强、耐水性好、耐磨性好、抗冲击力强、涂刷施工方便及价格合理等。以下主要介绍适用于水泥砂浆地面的有关涂料品种。

1. 过氯乙烯水泥地面涂料

过氯乙烯水泥地面涂料属于溶剂型地面涂料。溶剂型地面涂料系以合成树脂为基料，掺入颜料、填料、各种助剂及有机溶剂配制而成的一种地面涂料。该类涂料涂刷在地面上以后，随着有机溶剂的挥发而成膜硬结。

过氯乙烯水泥地面涂料具有干燥快、施工方便、耐水性好、耐磨性较好、耐化学腐蚀性强等特点。由于含有大量易挥发、易燃的有机溶剂，因而在配制涂料及涂刷施工时应注意防火、防毒。

2. 氯－偏乳液涂料

氯-偏乳液涂料属于水乳性涂料。它是以氯乙烯-偏氯乙烯共聚乳液为主要成膜物质，添加少量其他合成树脂水溶液胶（如聚乙烯醇水溶液等）共聚液体为基料，掺入适量的不同品种的颜料、填料及助剂等配制而成的涂料。

3. 环氧树脂涂料

环氧树脂涂料是以环氧树脂为主要成膜物质的双组分常温固化型涂料。环氧树脂涂料与基层的黏结性能优良，涂膜坚韧、耐磨，具有良好的耐化学腐蚀、耐油、耐水等性能，以及优良的耐老化和耐候性，装饰效果良好，是近几年来国内开发的耐腐蚀地面和高档外墙涂料新品种。

4. 聚醋酸乙烯水泥地面涂料

聚醋酸乙烯水泥地面涂料是由聚醋酸乙烯水乳液、普通硅酸盐水泥及颜料、填料配制而成的一种地面涂料。可用于新旧水泥地面的装饰，是一种新颖的水性地面涂布材料。聚醋酸乙烯水泥地面涂料是一种有机、无机复合的水性涂料，其质地细腻，对人体无毒害，施工性能良好，早期强度高，与水泥地面基层黏结牢固。

四、特种涂料

特种涂料对被涂物不仅具有保护和装饰的作用，还有其特殊作用。例如，对蚊、蝇等害虫有速杀作用的卫生涂料，具有阻止霉菌生长的防霉涂料，能消除静电作用的防静电涂料，能在夜间发光起指示作用的发光涂料等，这些特种涂料在我国才问世不久，品种较少，但其独特的功能打开了建筑涂料的新天地，表现出了建筑涂料工业无限的生命力。

图8-5 防火涂料会展工程应用案例

1.防火涂料

防火涂料可以有效延长可燃材料（如木材）的引燃时间，阻止非可燃结构材料（如钢材）表面温度升高而引起强度急剧丧失，阻止或延缓火焰的蔓延和扩展，使人们争取到灭火和疏散的宝贵时间（见图8-5）。

根据防火原理把防火涂料分为非膨胀型防火涂料和膨胀型防火涂料两种。非膨胀型防火涂料是由不燃性或难燃性合成树脂、难燃剂和防火填料组成的，其涂层不易燃烧。膨胀型防火涂料是在上述配方的基础上加入成炭剂、脱水成炭催化剂、发泡剂等成分制成，在高温和火焰作用下，这些成分迅速膨胀形成比原涂料厚几十倍的泡沫状炭化层，从而阻止高温对基材的传导作用，使基材表面温度降低。

防火涂料可用于钢材、木材、混凝土等材料，常用的阻燃剂有：含磷化合物和含卤素化合物等，如氯化石蜡、十溴联苯醚、磷酸三氯乙醛酯等。

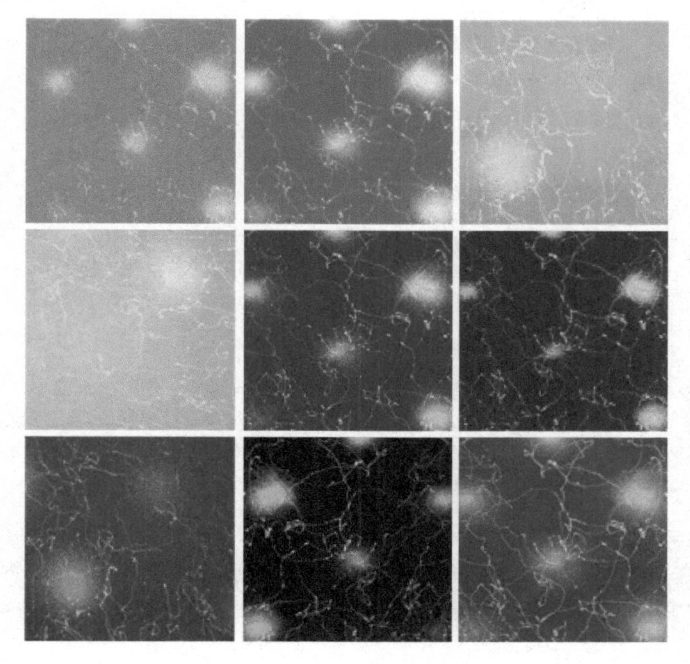

图8-6 发光涂料类型图例

2.发光涂料

发光涂料是指在夜间能指示标志的一类涂料。发光涂料一般有两种：蓄发性发光涂料和自发性发光涂料。它由成膜物质、填充剂和荧光颜色等组成，之所以能发光是因为含有荧光颜料。当荧光颜料（主要是硫化锌等无机颜料）的分子受光的照射后而被激发、释放能量，夜间或白昼都能发光，明显可见（见图8-6）。

3.防水涂料

防水涂料用于地下工程、卫生间、厨房等场合。早期的防水涂料以熔融沥青及其他沥青加工类产物为主，现在仍在广泛使用。近年来以各种合成树脂为原料的防水涂料逐渐发展，按其状态可分为溶剂型、乳液型和反应固化型三类。

溶剂型防水涂料是以各种高分子合成树脂溶于溶剂中制成的防水涂料，能快速干燥，可低温操作施工。常用的树脂种类有：氯丁橡胶沥青、丁基橡胶沥青、SBS改性沥青、再生橡胶改性沥青等。

五、各类油漆

会展工程的施工离不开作为饰面材料的油漆，选用油漆时要选择环保达标的产品。目前建材市场上油漆的销售已有千余种，但常用的有清油、混油、厚漆、调和漆、清漆等。

1.清油

又称熟油、熟炼油或热聚合油，俗名鱼油（fish oil），是油脂涂料的一种。浅黄至棕黄色透明稍黏稠液体。由干性油或干性油与半干性油的混合油加热熬炼并加少量催干剂制成。施于物体表面，能在空气中干燥结成固体薄膜，油膜有弹性而较软。它是早期的一种涂料产品，或单独使用，或用以调配厚漆，或加颜料调配成色漆（一般现调现用）。清油已逐渐被清漆取代，用量日益减少。

2.清漆

分为油基清漆和树脂清漆两大类，前者俗称“凡立水”，后者俗称“泡立水”，是一种不含颜料的透明涂料。常用的有以下几种。

酯胶清漆：又称耐水清漆。漆膜光亮，耐水性好，但光泽不持久，干燥性差。适用于木制家具、门窗、板壁的涂刷和金属表面的罩光。

酚醛清漆：俗称永明漆。干燥较快，漆膜坚韧耐久，光泽好，耐热、耐水、耐弱酸碱，缺点是漆膜易泛黄、较脆。适用于木制家具门窗、板壁的涂刷和金属表面的罩光。

醇酸清漆：又称三宝漆。这种漆的附着力、光泽度、耐久性比前两种好。它干燥快，硬度高，可抛光、打磨，色泽光亮。但膜脆、耐热、抗大气性较差。适于涂刷室内门窗、地面、家具等。

硝基清漆：又称清喷漆、腊克。具有干燥快、坚硬、光亮、耐磨、耐久等特点，是一种高级涂料，适用于木材、金属表面的涂覆装饰，用于高级门窗、板壁、扶手。

虫胶清漆：又名泡立水、酒精凡立水，也简称漆片。它是用虫胶片溶于95°以上的酒精中制得的溶液。这种漆使用方便，干燥快，漆膜坚硬光亮。缺点是耐水性、耐候性差，日光暴晒会失光，热水浸烫会泛白。一般用于室内木器家具的涂饰。

丙烯酸清漆：它可常温干燥，具有良好的耐候性、耐光性、耐热性、防霉性及附着力，但耐汽油性较差。适用于喷涂经阳极氧化处理过的铝合金表面。

3.调和漆

图8-7　调和漆图例

它是最常用的一种油漆。质地较软，均匀，稀稠适度，耐腐蚀，耐晒，长久不裂，遮盖力强，耐久性好，施工方便。它分油性调和漆和磁性调和漆两种，后者现名多丹调和漆。在室内适宜于用磁性调和漆，这种调和漆比油性调和漆好，漆膜较硬，光亮平滑，但耐候性较油性调和漆差（见图8-7）。

4.瓷漆

它和调和漆一样，也是一种色漆，是在清漆的基础上加入无机颜料制成的。因漆膜光亮、平整、细腻、坚硬，外观类似陶瓷或搪瓷。瓷漆色彩丰富，附着力强。根据使用要求，可在瓷漆中加入不同剂量的消光剂，制得半光或无光瓷漆。常用的品种有酚醛瓷漆和醇酸瓷漆。适用于涂饰室内外的木材、金属表面、家具及木装修等（见图8-8）。

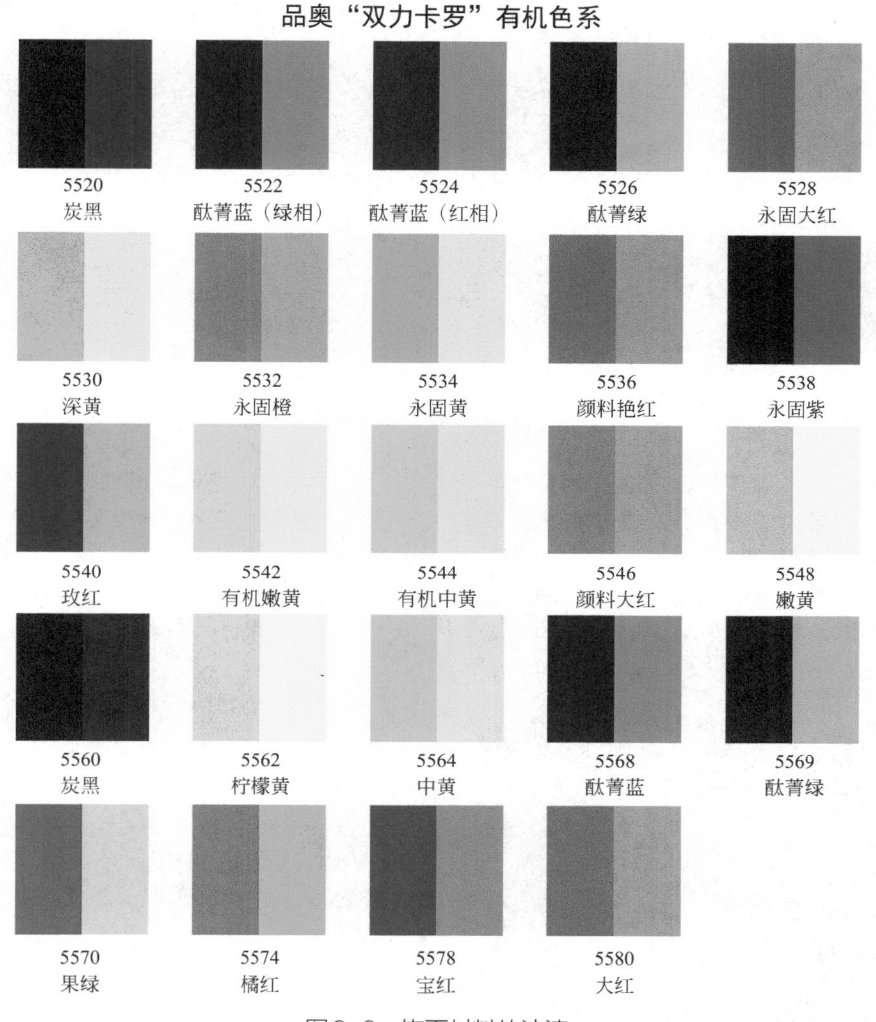

图8-8　饰面材料的油漆

5.真石漆

真石漆的装饰效果酷似大理石、花岗石。主要采用各种颜色的天然石粉配制而成，经真石漆装修后的建筑物，具有天然真实的自然色泽，给人以高雅、和谐、庄重之美感，适合于各类建筑物的室内外装修。特别是在曲面建筑物上装饰，可以收到生动逼真、回归自然的功效。真石漆具有防火、防水、耐酸碱、耐污染、无毒、无味、粘接力强、永不褪色等特点，能有效地阻止外界恶劣环境对建筑物的侵蚀，延长建筑物的寿命，由于真石漆具备良好的附着力和耐冻融性能；因此特别适合在寒冷地区使用。真石漆具有施工简便，易干省时，施工方便等优点（见图8-9）。

（1）涂层硬度　真石漆的涂层施工干固后十分坚硬，指甲不能抠动，一般的真石漆如果在良好的天气情况下，施工三天后仍能用指甲抠动，应视为涂层太软，主要原因是选择的乳液不恰当。

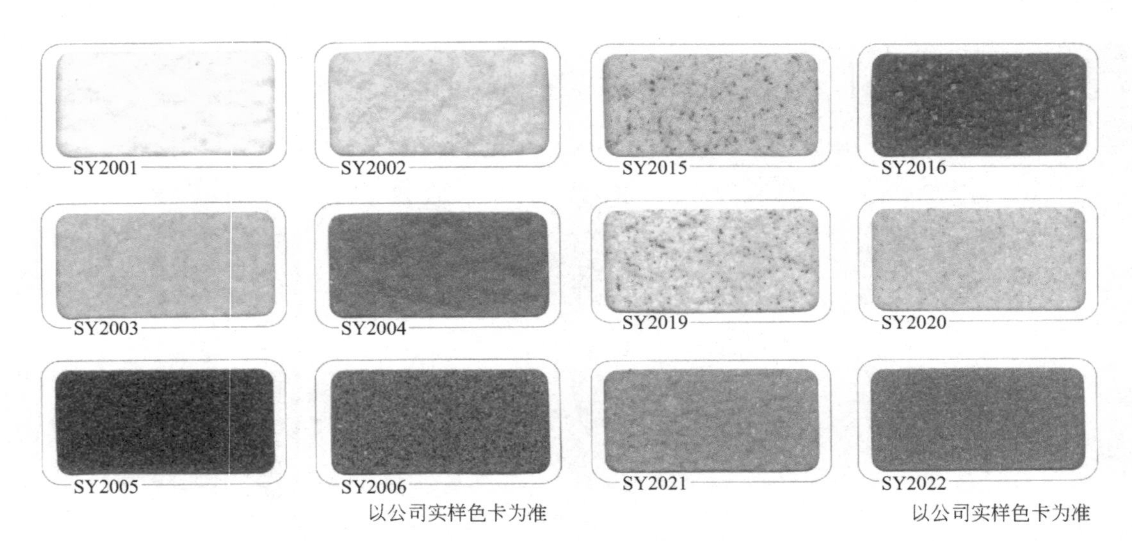

图8-9　真石漆图样

它们在制备真石漆时，采取与制备乳胶漆相同的乳液，这就导致真石漆配方中的乳液含量较低，成膜时因大量砂石的存在使得涂层不够紧密。经涂料研发人员研究：用于真石漆制备的乳液的黏结强度不应低于3MPa，最低成膜温度不应低于15℃。较高的最低成膜温度可能会造成在气温较低时不易成膜的缺点，可以通过适当多加成膜助剂的方法来解决。成膜助剂在涂层干燥后可完全挥发，一般不会影响涂膜的性能。真石漆选择的是黏结力较高的、最低成膜温度也较高的复合乳液，这从根本上解决了涂层太软的问题。

图8-10　真石漆应用案例

（2）涂层抗水性　良好，稳定着色，不发白，无色差。有些真石漆涂层在每次下雨以后，都会发白，涂层变得疏松，而在雨停后，经太阳一晒，涂层又恢复原来的颜色。其实，这是由于涂层的耐水性不好、吸收了水分所引起的，配方原因是选用的丙烯酸乳液在合成时需加入表面活性剂，有些厂家为了增加乳液的稳定性，所用的表面活性剂大大超量；有些厂家在制备真石漆时加入羧甲基纤维素、羟乙基纤维素等物质作为增稠剂，以及加入苯甲酸钠作为防腐剂。这些物质都是水溶性的或亲水的，涂料成膜后留在涂层中，就大大降低了涂层的耐水性能。实验说明，将纯丙乳液与石英砂混合，不加任何助剂，喷涂形成的涂层，其吸水率为0.42%；而在上述涂料的基础上加入0.4%羟乙基纤维素，吸水率上升至4.3%。由于真石漆的涂层较厚，一旦吸收了水分后，不容易在较短的时间内释放出来，因此造成外观发白、涂层内部疏松的结果。传化美莱真石漆ESE选用的成膜助剂为：有机硅改性丙烯酸酯乳液（硅丙乳液）。在干燥后具有良好的耐水性，因此涂层在干燥后遇水不会发生发白的现象（见图8-10）。

（3）配方举例

① 天然真石漆　纯丙乳酸30%，天然彩石砂65%，增稠剂3%，增塑剂1%，其他助剂1%。

先加入乳液、增稠剂、增塑剂等助剂搅拌均匀，再慢慢加入天然彩石砂搅拌均匀即可包装。

② 抗碱性封闭底油　纯丙乳酸60%，水35%，防霉、防腐剂2%，其他助剂3%。

先加入乳液、助剂等搅拌均匀，然后加入水搅拌均匀即可包装。

③ 耐候防水保护面油

a.A组分　聚氨酯树脂60%，涂料，油墨，树脂，胶黏剂，乙酸丁酯18%，二甲苯20%，抗紫外线剂1%，其他助剂1%。

混合搅拌均匀，即可包装。

b.B组分　HDI固化剂（75%），66% UV辐射，水性助剂颜料，醋酸丁酯34%。

混合搅拌均匀，即可包装。（注：面油需按A ∶ B=4 ∶ 1的比例混合配制，搅拌均匀后方可使用，使用期限不能超过8h，随配随用。）

6.防锈漆

能对金属等物体表面进行有效保护，免受大气、海水等的化学或电化学腐蚀的涂料。可分为物理性防锈漆和化学性防锈漆两大类。前者靠颜料和漆料的适当配合，形成致密的漆膜以阻止腐蚀性物质的侵入，如铁红、铝粉、石墨防锈漆等；后者靠防锈颜料的化学抑锈作用，如红丹、锌黄防锈漆等。用于桥梁、船舶、管道等金属的防锈。

目前使用的防锈漆大致为油性和水性两种。油性防锈漆使材料表面油腻去除困难，已很少使用。水性防锈漆使用方便，价格低廉，但因含有亚硝酸盐、铬酸盐等有毒物质，对操作人员危害较大，国家已限制使用，且此类产品性能单一，不能满足磁性合金材料的防锈要求。水性金属防锈漆选用金属强力的螯合剂——肌醇六磷酸酯为主要成分，与其他几种水性助剂复配而成。肌醇六磷酸酯是从粮食作物中提取的天然无毒有机化工产品，当它作为磁性材料防锈剂使用时，能在表面与金属迅速螯合，形成一层致密的单分子络合物保护膜，可有效抑制金属的腐蚀。经该产品处理后的材料表面保持原色，不必水洗即可进入涂装等下道工序。

防锈颜料是防锈漆的重要组成部分。物理防锈颜料是一类本身化学性质较为稳定的颜料，它们是靠本身的物理性能、化学性能稳定，质地坚硬，颗粒细微，优良的填充性，提高漆膜的致密度，降低漆膜的可渗性从而起到防锈的作用。氧化铁红就属这类物质，而金属铝粉的防锈性是由于铝粉具有鳞片状结构，形成的漆膜紧密，还有较强的反射紫外线的能力，可提高漆膜抗老化的能力（见图8-11）。

图8-11　防锈漆应用案例

第九章 会展工程胶凝材料

第一节　胶凝材料概述

一、胶凝材料的定义、分类

凡经过自身的物理、化学作用，能够由可塑性浆体变成坚硬固体，并具有胶结能力，能把粒状材料或块状材料黏结为一个整体，具有一定力学强度的物质统称为胶凝材料，又称胶结料。

胶凝材料可分为无机和有机两大类。石油沥青、高分子树脂，以及古代使用的糯米汁、动物血等属于有机胶凝材料。无机胶凝材料按其硬化条件，又可分为水硬性和非水硬性两种。水硬性胶凝材料在拌水后既能在空气中硬化，又能在水中硬化并具有强度，统称为水泥，如硅酸盐水泥、铝酸盐水泥、硫铝酸盐水泥等。非水硬性胶凝材料不能在水中硬化，但能在空气中或其他条件下硬化。只能在空气中硬化的胶凝材料，称为气硬性胶凝材料。如石灰、石膏、镁质胶凝材料等。

1. 水硬性胶凝材料

和水成浆后，既能在空气中硬化，又能在水中硬化的胶凝材料称为水硬性胶凝材料。这类材料通称为水泥，如硅酸盐水泥、铝酸盐水泥、硫铝酸盐水泥等。

2. 非水硬性胶凝材料

不能在水中硬化但能在空气中或其他条件下硬化的胶凝材料称为非水硬性胶凝材料。种类很多，既有无机的也有有机的。一般用途的有石灰、石膏等。特殊用途的有耐酸胶结料、磷酸盐胶结料及环氧树脂胶结料等。

3. 气硬性胶凝材料

它是非水硬性胶凝材料的一种，是只能在空气中硬化的胶凝材料。

二、胶凝材料发展简史

胶凝材料的发展，有着极为悠久的历史。远在4000 ～ 10000年前的新石器时代，人们已会使用黏土，有时还掺入植物的茎、壳、皮等混入黏土中抹砌简单穴室。在我国的新石器时代的遗址中，还发现了用天然姜石（一种SiO_2含量高的石灰质原料，是黄土中的钙质结核）夯实的柱基及地面等，甚为光滑坚硬。

随着火的发现，约在公元前2000 ～ 3000年，人们就开始学会利用经煅烧所得的石膏或石灰拌制砂浆。如我国的万里长城、古埃及的金字塔等都是用石膏、石灰作为胶凝材料砌筑而成的。这个时期，可称为胶凝材料发展的石膏-石灰时期。

约在公元初期，人们又开始学会应用石灰-火山灰水硬性胶凝材料。例如古希腊人和罗马人发现，在石灰中加入某些火山灰后不仅强度高，而且能提高对水的侵蚀的抵抗能力。例如罗马的“庞贝”城以及罗马圣庙等著名古建筑都是用石灰-火山灰砌筑而成的。又由于当时应用较多的是普佐里（Pozzli）附近所产的火山灰，因此在意大利语中将“Pozzlana”作为火山灰的名称，并沿用至今。随后，人们又进一步发现，将废陶器、碎砖等烧结土类的材料磨细后，可以代替天然火山灰，将其与石灰混合后，同样具有水硬性，从而使火山灰质由天然发展到人工配制。直到18世纪后半期，先后出现了水硬性石灰和罗马水泥，这些都是将含有适量黏土的石灰石经煅烧后所得。并在此基础上，发展到天然水泥岩（黏土含量在20% ～ 25%的石灰石）煅烧、磨细后得到了天然水泥。随后，逐渐发展到用石灰石与定量的黏土共同磨细均匀，经过煅烧制成由人工配料的水硬性石灰。这实际上就是硅酸盐水泥生产的雏形。

19世纪（1810 ～ 1825年）已开始采用人工配料、高温煅烧，再经磨细的方法生产水硬性胶凝材料，其煅烧温度已达到了使物料部分熔融，即产生烧结的程度。1824年，英国的约瑟夫·阿斯普丁（Joseph.Aspdin）首先取得了该产品的专利权。因为这种胶凝材料凝结后的外观颜色与当时建筑上常用的英国波特兰岛出产的石灰石相似，故称为波特兰（Port-land Cement），我国称为硅酸盐水泥。由于含有较多的硅酸钙，不但能在水中硬化，而且强度较高。其首批大规模使用的实例是1825 ～ 1843年修建的泰晤士河道工程。

硅酸盐水泥的出现，对工程建设起了很大的作用。随着现代科技和工业发展的需要，到20世纪初，逐渐生产了各种不同用途的水泥，近30多年来，又陆续出现了硫铝酸盐水泥、氟铝酸盐水泥、铁铝酸盐水泥等品种，从而使水硬性胶凝材料发展到更多类别。同时，对石灰、石膏等古老的胶凝材料也获得了新的认识，扩大了它们的应用范围，加速了它们的发展。现在，胶凝材料进入了一个蓬勃发展的阶段。

图9-1　硅酸盐水泥的效果

由此可见，胶凝材料的发展是经历着：天然胶凝材料（如黏土）-石灰、石膏-石灰、火山灰-水硬性石灰、天然水泥-硅酸盐水泥-不同品种水泥的各个阶段（见图9-1）。

第二节　常用会展胶凝材料

一、水泥

凡细磨材料，加入适量水后可制成塑性浆体，既能在空气中硬化，又能在水中硬化，并能将砂、石等材料牢固地胶结在一起的水硬性胶凝材料，通称为水泥。简言之，水泥是一种水硬性胶凝材料。水泥是主要的建筑材料之一，可以和骨料及增强材料配制成各种混凝土和砂浆，被广泛应用于工业与民用建筑、交通、水利、国防等工程。

水泥的品种繁多，迄今为止已有180多种水泥，而且各种新型水泥仍在不断地开发应用之中。

1. 快硬硅酸盐水泥

凡以硅酸盐水泥熟料和适量石膏磨细制成的，以3d抗压强度表示标号的水硬性胶凝材料称为快硬硅酸盐水泥（简称快硬水泥）。

其初凝时间不得早于45min，终凝时间不迟于10h。由于快硬水泥凝结硬化快，故可用来配制早强、高标号混凝土，适用于室外会展工程的紧急搭建、固定及低温施工工程和高标号混凝土预制件等。但在储存和运输中要特别注意防潮，施工时不能与其他水泥混合使用。另外，这种水泥水化放热量大而迅速，不适合用于大体积混凝土工程。

2. 快凝快硬硅酸盐水泥

以硅酸钙、氟铝酸钙为主的熟料，加入适量石膏、粒化高炉矿渣、无水硫酸钠，经过磨细制成的一种凝结快、单位时间内增长快的水硬性胶凝材料，称为快凝快硬硅酸盐水泥（简称为双快水泥）。

双快水泥初凝不得早于10min，终凝不得迟于60min。主要用于室外会展场馆搭建、博物馆陈列的加固、预制等紧急工程。同样不得与其他品种水泥混合使用，并注意放热量大而迅速的特点。

3. 白色硅酸盐水泥

由白色硅酸盐水泥熟料加入适量石膏，磨细制成的水硬性胶凝材料，称为白色硅酸盐水泥（称简白水泥）。磨制水泥时，允许加入不超过水泥质量5%的石灰石或窑灰作为外加物。

白度是白水泥的一个重要指标。在中国，白水泥的白度分为四个等级。根据白度及标号，又分为优等品、一等品和合格品。

白水泥强度高，色泽洁白，可配制彩色砂浆和涂料、白色或彩色混凝土、水磨石、斩假石等，用于建筑物的内外装修。白水泥也是生产彩色水泥的主要原料。

目前我国经常生产的水泥品种约30个，但最主要的品种仍是各种硅酸盐水泥，它的产量占全国水泥产量的98%以上。白色水泥、彩色水泥以其良好的装饰性能应用于各种会展搭建、商业空间以及其他建筑装饰工程中，通称其为装饰水泥（见图9-2）。

图9-2　水泥的粉状图片

二、石膏粉

1.石膏粉的概念及特征

石膏粉是五大凝胶材料之一，在国民经济中占有重要的地位，广泛用于建筑、建材、工业模具和艺术模型、化学工业及农业、食品加工和医药美容等众多应用领域，是一种重要的工业原材料。

石膏粉根据物理成分的不同可分为：磷石膏粉、脱硫石膏粉、柠檬酸石膏粉和氟石膏粉等。

石膏粉根据颜色的不同可分为：红石膏粉、黄石膏粉、绿石膏粉、青石膏粉、白石膏粉、蓝石膏粉、彩色石膏粉等。

石膏粉根据物理特征的不同可分为：白云质石膏粉、黏土质石膏粉、绿泥石石膏粉、雪花石膏粉、滑石石膏粉、含砂质石膏粉和纤维石膏粉等。

石膏粉根据用途可分为：建材用石膏粉、化工用石膏粉、模具用石膏粉、食品用石膏粉和铸造用石膏粉等。

2.在会展中的主要应用领域

① 结构墙体粉刷、翻制模型。

② 在塑料、橡胶、涂料、沥青、油毡等工业生产中用作填料。

③ 生产纤维压力板、石膏板等隔断材料等。

④ 在玻璃生产工艺中用作助溶剂和净化剂（见图9-3）。

图9-3　石膏粉在工程中的应用

三、白乳胶

1.白乳胶的概念

原名聚醋酸乙烯胶黏剂，是由醋酸与乙烯合成醋酸乙烯，添加钛白粉（低档的就加轻钙、滑石粉等粉料），再经乳液聚合而成的乳白色稠厚液体。产品广泛应用于木材、家具、胶合板、人造板、印染、皮革、建筑装饰装修、五金、塑料、纸箱、纺织、工艺品、无线装订、纤维板、造纸、涂料等诸多行业。

2.白乳胶产品性能及特点

白乳胶具有常温固化快、成膜性好、粘接强度大、抗冲击、耐老化等特点。其粘接层具有较好的韧性和耐久性。白乳胶外观为乳白色黏稠流动液体，黏度（厘泊，300℃）为5150，pH值5～7，固体含量达35%～55%，压缩剪切强度（mPa）中，干强度为11，湿强度为4.6，产品成膜性好，可制成无色透明连续皮膜，产品稳定性好，保质期长，产品保存2年以上不会变质、分层、霉变，固化时间短，常温下4～6h即可固化，抗冻性好，不易冻结，产品耐水性强，常态下不易开胶，最低成膜温度20℃。

3.白乳胶在会展工程中的应用

白乳胶在会展工程中一般用于木制品的粘接和墙面腻子的调和，也可用于粘接墙纸、水泥

图9-4 品牌白乳胶图例

增强剂、防水涂料及木材粘接剂等（见图9-4）。

四、107胶/801胶

聚乙烯醇缩甲醛胶，俗称107胶。是以聚乙烯醇与甲醛在盐酸存在下进行缩合，再经氢氧化钠调整pH值制成。在此基础上，再以尿素进行氨基化处理，即得改性聚乙烯醇缩甲醛胶，即801建筑胶。

1.特点与用途

这两种建筑胶，除107胶甲醛气味较浓，污染施工环境，801胶经过改性无此缺点外，其他则完全相同。其特点是：

① 性能好，用途广，有建筑部门“万能胶”之称；

② 价格低廉，如掺入水泥和砂浆中，效果同聚醋酸乙烯乳液相似，而价格仅相当于它的1/6；

③ 原料易得，设备简单，操作容易。

107胶最初只是代替糨糊及动植物胶，用作文具胶水及粘贴皮鞋衬里等。20世纪70年代开始用于民用建筑，80年代则广泛用于各种壁纸、玻璃纤维墙布、各种墙板、瓷砖的粘贴，用作大白粉浆、石灰浆、各种腻子的胶结剂，还用作内外墙涂料、水泥地面涂料的基料，及外墙饰面、墙体处理等各个方面，故有建筑部门的“万能胶”之称。

801胶自1980年问世以来，发展迅速，其应用已达107胶的各个领域，由于施工中甲醛气味极小，深受广大建筑工人欢迎，发展迅速，应用日益广泛。

2.原材料

（1）聚乙烯醇　由聚醋酸乙烯酯在碱或酸的存在下经皂化而制得，为白色至奶油色的粉末。根据皂化程度不同，或可溶于水，或仅能溶胀，耐矿物油、油脂等大多数有机溶剂。主要用于制造聚乙烯醇缩甲醛、尼龙纤维和耐汽油管道等，也用作临时保护膜、胶黏剂、装订用胶料、上浆剂等。

（2）甲醛水　俗称福尔马林，通常是甲醛含量37%～40%的水溶液，是有刺激性气味的无色液体，有强还原作用，其蒸气与空气能形成爆炸性混合物，爆炸极限7%～73%（体积分数），常用于农药、消毒剂、化工原料等。

（3）盐酸　又称氢氯酸。氯化氢的水溶液，纯品无色。一般因含杂质而呈黄色。商品浓盐酸含氯化氢37%～38%，是一种强酸。在芯线脱碳及脱钙钠处理中供前处理用。

（4）氢氧化钠　又称苛性钠，俗名烧碱、火碱，成溶液状的为液碱，固体碱为无色或白色透明的晶体，有粒、块、片、棒等各种形状，易吸湿溶化，极易溶于水，并强烈放热。溶液滑腻呈碱性，溶于乙醇，不溶于丙酮，有强腐蚀性。在铂触媒粉制造中用作碱剂。

（5）尿素　无色晶体，熔点132.7℃。溶于水、乙醇及苯，水溶液呈中性反应。用作肥料、动物饲料、炸药、稳定剂等。

3. 107胶/801胶在会展工程中的使用

两种建筑胶的使用方法和效果相同。现以107胶说明如下。

（1）裱糊壁　按107胶：羧甲基纤维素（含固体量2.5%～3%的水溶液）：水=

100 ∶ 30 ∶ 50的配比，搅拌混合均匀，将壁纸用此胶粘贴于水泥砂浆板上。测得粘接强度为0.95μPa（9.5kgf/cm^2），优于常用的大力胶（0.74MPa），且有耐潮湿、耐碱、防霉的优点。

（2）粘贴瓷砖（釉面瓷砖）　于水泥石灰膏混合砂浆（水泥∶石灰膏∶砂子=1 ∶ 0.3 ∶ 3）中添加5% 107胶，比单纯使用水泥石灰膏混合砂浆可提高工效50%，且粘接强度高，并可节约水泥，减轻面层自重。

（3）墙体、板材的基层处理　用107胶∶水=1 ∶（2～3）的胶水，或掺入20%（质量分数）水泥的107胶水泥浆，对各种石膏板、加气混凝土板、碳化石灰板、砂浆或混凝土表面等进行基层处理，具有提高粘接强度，阻止渗水等作用。

图9-5　某品牌107胶图例

此外，用作外墙饰面涂料、内墙涂料、水泥地面涂料等的基料，弥补了以往饰面材料的不足。现虽已大量应用，但仍在不断发展中（见图9-5）。

五、816胶

816胶是一种糊状环氧树脂结构胶。外观为乳白色胶状液体，能使水泥增黏，具有增稠保水性好，黏结强度高等特点。

1. 816胶特点

① 黏结力强，保水性好。能起到褥垫找平作用，即黏结剂层厚。在未硬化之前不会流坠。

② 耐冲击、耐水、耐老化，具有一定弹性，防水性能好，无臭味，无毒性。

③ 固化后具有较好的耐温性（可在150℃以内使用）、耐水性，并且抗化学腐蚀能力强。

2. 在会展中的用途

① 816建筑胶适用于珍珠岩板、水泥聚苯板，以及在混凝土砖砌体、纸面石膏板上的粘贴。

② 适用于会展环境的室内外各种装饰材料（面砖、马赛克瓷砖大理石）的粘贴。

③ 用于新旧建筑物古建筑的维修与装潢。

六、995结构胶

995结构胶（全称995硅酮结构密封胶）为单组分产品。中性、室温固化，对玻璃、铝材、钢材、石材等均无腐蚀性，具有优异的耐臭氧、耐紫外线、耐气候老化性能。拉伸黏结强度高，对大部分建筑材料有优良的粘接能力。对中性硅酮胶、耐候胶有良好的相容性。

1. 产品特点

① KM995硅酮结构密封胶表干时间小于3h，完全固化产生最大黏合力至少21天。

② 固化后的密封胶在–40～150℃的温度范围内，仍保持弹性状，而不会脆化、龟裂或被撕裂。

③ 对大部分建筑材料具有优良的黏结性，一般不需要使用底涂；与其他中性硅酮胶具有良好的相容性。

④ KM995硅酮结构密封胶用300mL塑料筒（470 ～ 480g/支）或592mL（780 ～ 790g/支）复合铝箔包装。产品为黑色。

2.在会展中的主要用途

① 用于会展工程玻璃幕墙的金属和玻璃的结构性黏合装配。

② 用于会展结构中空玻璃的粘接密封。

③ 其他各类展示工程及建筑等用途（见图9-6）。

七、502瞬间胶

502胶是以α-氰基丙烯酸乙酯为主，加入增黏剂、稳定剂、增韧剂、阻聚剂等，通过先进生产工艺合成的单组分瞬间固化黏合剂，适用范围为除对聚乙烯、聚丙烯、含氟及含硅塑料、橡胶、软质聚氯乙烯等材料必须进行特殊处理（比如打磨表面）才能得到良好强度外，对其他各种材料均能直接粘接。

1.502瞬间胶产品特点

① 固化速度快，固化后接着物的表面不会产生发白现象及出现刺激性异味，还具有强度高、保质期长等特点。

② 外观透明，黏度（25℃）10cP，填充间隙0.04mm，固化时间10s，耐温范围54 ～ 71℃，保质期（20℃）8个月，抗拉强度150kgf/cm^{2}完全固化24h。

③ 耐温性好，强度高，一般保质期为2 ～ 8个月。

2.在会展中的主要用途

主要适合用来粘接会展工程中的塑胶、ABS、橡胶、EPDM、亚克力、皮革、硬质PVC、金属、木质等各种材质（见图9-7）。

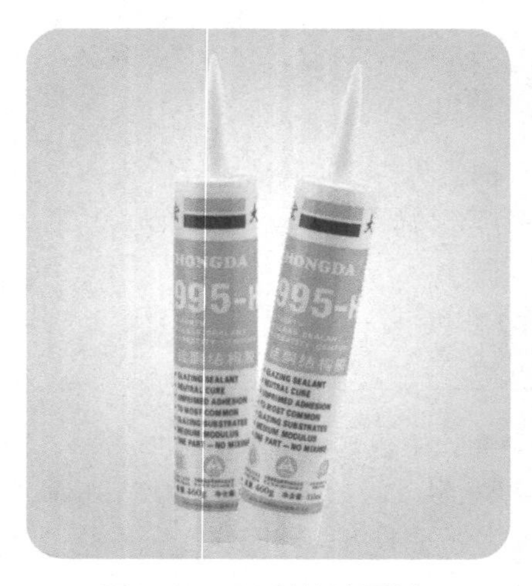

图9-6　995结构胶图例

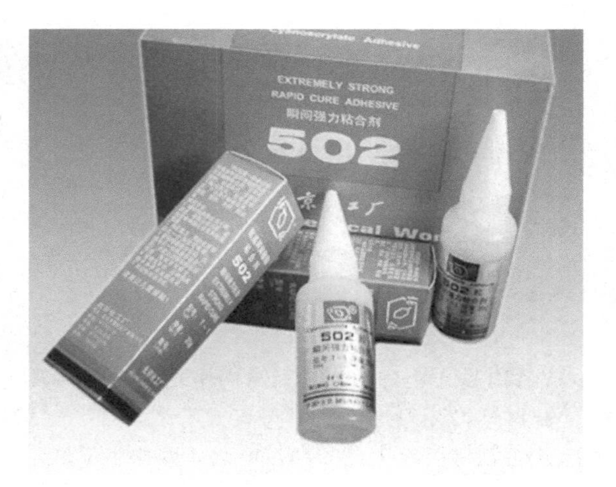

图9-7　502瞬间胶图例

第十章
会展工程电料及灯具材料

会展工程电料及灯具材料在会展工程中经常使用的电气器材的统称，如电线、开关、插头及各类灯具等。

第一节　会展工程电料

在会展工程中，插座、开关的选择不是随心所欲的，要根据每个开关以及插座所需电流的多少而定。一般普通插座分为二孔、三孔和五孔。家用开关多采用单联或双联开关。机械设备、音响、电视等必须设置专用插座，因为这些电器的功率较大，如果和展位其他设施共用一个插座，不易于设置接地保护，会造成用电不安全。

一、电线/电缆

1.电线的概念

电线（wire；flex；cable cord；electric line）是传导电流的导线。

“电线”和“电缆”并没有严格的界限。通常将芯数少、产品直径小、结构简单的产品称为电线，没有绝缘的称为裸电线，其他的称为电缆；导体截面积较大的（大于6mm^2）称为大电线，较小的（小于或等于6mm^2）的称为小电线，绝缘电线又称为布电线。

电线电缆主要包括裸线、电磁线及电机电器用绝缘电线、电力电缆、通信电缆与光缆（见图10-1）。

图10-1　电线图例

2. 电线电缆的产品类型及在会展中的应用

电线电缆主要分为五大类。

（1）裸电线及裸导体制品　本类产品的主要特征是：纯的导体金属，无绝缘及护套层，如钢芯铝绞线、铜铝汇流排、电力机车线等；加工工艺主要是压力加工，如熔炼、压延、拉制、绞合/紧压绞合等；产品主要用于主线、开关柜等。

（2）电力电缆　本类产品主要特征是：在导体外挤（绕）包绝缘层，如架空绝缘电缆或几芯绞合（对应电力系统的相线、零线和地线）；两芯以上架空绝缘电缆，或再增加护套层，如塑料/橡套电线电缆。主要的工艺技术有拉制、绞合、绝缘挤出（绕包）、成缆、铠装、护层挤出等，各种产品的不同工序组合有一定区别。

产品主要用于发、配、输、变、供电线路中的强电电能传输，通过的电流大（几十安培至几千安培）、电压高（220V ～ 500kV及以上）。

（3）电气装备用电线电缆　该类产品主要特征是：品种规格繁多，应用范围广泛，使用电压在1kV及以下的较多，面对特殊场合不断衍生新的产品，如耐火线缆、阻燃线缆、低烟无卤/低烟低卤线缆、防白蚁/防老鼠线缆、耐油/耐寒/耐温/耐磨线缆、医用/农用/矿用线缆、薄壁电线等。

（4）通信电缆及光纤　随着近二十多年来，通信行业的飞速发展，产品也有惊人的发展速度。从过去的简单的电话电报线缆发展到几千对的话缆、同轴缆、光缆、数据电缆，甚至组合通信缆等。在现代会展中，数据电缆主要用于连接数字多媒体及声、光、电等现代多媒体设备。

（5）电磁线（绕组线）　主要用于各种电机、仪器仪表等。

电线电缆的衍生/新产品主要是因应用场合、应用要求不同及装备的方便性和降低装备成本等的要求，而采用新材料、特殊材料，或改变产品结构，或提高工艺要求，或将不同品种的产品进行组合而产生的。采用不同材料如阻燃线缆、低烟无卤/低烟低卤线缆、防白蚁/防老鼠线缆、耐油/耐寒/耐温线缆等。

二、开关/插座

在会展工程中，开关/插座类是电器、照明等用电设施的控制和使用的配套产品。

1. 开关、插座的类别

（1）明装型开关、插座　直接在墙体平面安装，走明线连接，不用任何配套线盒，所以无统一的型号规格，虽灵活方便，但不利于装饰美观的居室使用。

（2）暗装型开关、插座　需与明盒或暗盒固定配套使用的有统一规格尺寸的开关插座。暗装开关插座较为常用的型号为86型（86mm×86mm）、120型（120mm×60mm）等。每种不同型号有不同的配套明盒和暗盒。暗装开关插座安装起来所有接线部分都在暗盒中藏于墙体内部，只有开关插孔面板露于墙体表面，加上不同型号的不同色彩修饰，很有装饰效果，适合不同类型会展环境使用。

（3）接线板　用于延伸固定电源的室内外活动电源插座。

（4）绕线器　用于场内外施工工地延伸电源（见图10-2）。

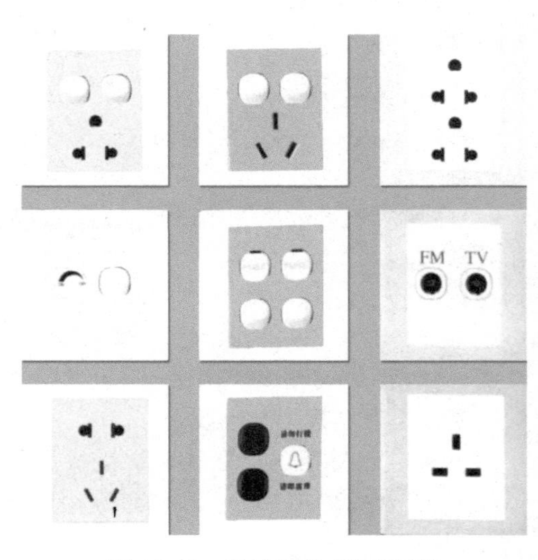

图10-2　各类开关/插座图例

2.常用开关按功能分类

（1）单控开关　最常用的一种开关，即一个开关控制一组线路。

（2）双控开关　是两个开关控制一组线路，可以实现楼上楼下同时控制。

（3）多控开关　由多个开关来控制一组或几组线路，实现最大化的方便使用。

3.常用开关的组成部分

（1）面板　通常由PC塑料或ABS塑料构成，ABS塑料已逐步被淘汰，现在主要采用PC塑料，其无毒、抗冲击、防火阻燃效果好。

（2）翘板　翘板由铜或者银铜合金制成，以铜为材料的翘板成本较低，但银铜合金的导电性能较好，目前主流品牌均采用银铜合金翘板。

（3）触点　触点的材料为银或者银合金，它能在电流通断瞬间过大时，起到一定的保护作用。

（4）弹簧。

4.其他开关

其他开关还包括触摸延时开关、调光/调速开关、插匙取电开关、防水开关、数控开关、拉线开关等。

5.插座

（1）电源插座　电源插座包括二三极插座（五孔插座）、二极插座、二极带接地插座、三相四线插座等，其内部主要为弹性极好的锡磷青铜片。此外，电源插座必须有安全保护门。

（2）功能性插座　包括电话插座、电视插座、电脑插座、音响插座等。不同的功能性插座其构造也不相同，由相应的功能组件构成，比如说电脑插座就是由一块信息接口模块组成的。

6.开关插座选购、使用注意事项

开关插座等产品的最大负荷能力是经过计算设计标定的，不可过载超负荷使用。

调光开关是通过电压变化来调节光源，不适用于荧光灯、节能灯、环型灯管等光源上。

冰箱应选用10A插座，空调应选用16A插座（见图10-3）。

三、电源插头

自从电发明以后，特别是后来的电器发明，迫切需要一系列的接插件与之配合，以便于使用电能。最早是没有插头插座之类产品的，为了电气连接，人们只能将电线绞拧在电源端子上。以后随着电器的大量出现，如果每次都要绞拧电线，已太不适合需要了，而且有大量的非专业人员加入使用行列，这样就产生了很多安全保障问题，弄不好就会造成严重的触电事故。这对电气连接提出了安全、方便、快捷的要求。在这种情况下，插头插座产品就应运而生了。

电源插头的种类很多，会展工程中常用的包括两极电源插头和三极电源插头两大类，两极电源插头包括：插头体，至少2个金属导电插片。各金属导电插片与电源线连接，金属导电插片固定在插头体上，其特征在于：插头体包括上绝缘体和下绝缘体，金属导电插片呈L形，其一端固定在插头体的下绝缘体上，上绝缘体上铰接安装有拉钩体，上绝缘体、下绝缘体粘接安装。一般大功率的用电器都是用三极电源插头，因为这样即使发生漏电，电流会顺着接地线流向大地，而不会使人在接触到该用电器的金属外壳时触电发生事故。三个插头分别连接火线、零线还有接地线。

原先的插头插座都很简单，而且尺寸不统一，五花八门，各式各样，可能在一个国家内一个城市生产的一个插头，到了另一个城市就插不上当地的插座了。为了使插头插座具有通用性，世界各国都先后制定了自己统一的插头插座标准，如我国在1967年就以广州电器科学研究所为主制定了我国第一个插头插座国家标准GB 1002—67《单相插头插座型式、基本参数和尺寸》；又如，英国在1950年就颁布了BS 546：1950《250V以下电路用的有接地触头的两极插头、插座和转换器》。这些强制性标准的颁布，统一了每个国家内部插头插座的型式尺寸，从一定意义上也促进了贸易的发展（见图10-4）。

图10-3　某品牌插座图例

图10-4　各类电源插头图例

四、线路保护器

1.线路保护器分类

（1）配电箱　是将各种规格的高分断小型断路器、漏电断路器有机地结合起来。拼装箱体内，用于工业厂房、住宅、宾馆、商店等场所，它适用于交流220V、380V，频率501+E的线路上。

（2）断路器　断路器主要用于低压供电、配电系统线路及电气设备过载及短路保护。

2.断路器一般分类

（1）塑壳式断路器　塑壳断路器用于分配电能和保护电路及电源设备的过载和短路，以及正常工作条件下，作不频繁分断和接通电力线路之用。

（2）高分断小型断路器　适用于线路和电动机的边裁，短路保护。当线路发生过载和短路时，断路器会在0.01s内切断电源，对线路起到保护作用，同时可作为不频繁转换和不频繁启动之用。

（3）漏电断路器　漏电断路器由高分断小型断路器与相配套的漏电附件相连接组成，漏电附件单独不能使用。不仅对线路的过载、短路实现保护，而且当人身触电、线路漏电超过额定值时，漏电断路器能在0.01s内自动切断电源，保证人身安全和防止发生因泄漏电流造成的事故。

3.断路器工作原理

① 当负载电流大于额定电流时，过电流使双金属片发热而弯曲变形，双金属片弯曲到一定程度时推动脱扣机构，脱扣器迅速脱扣，使动触头动作，分断电路。

② 当电路或负载发生短路时，强大的短路电流流过电磁线圈，产生极强的磁场，铁芯推动脱扣机构，脱扣器迅速脱扣，使动触头动作，分断电路（见图10-5）。

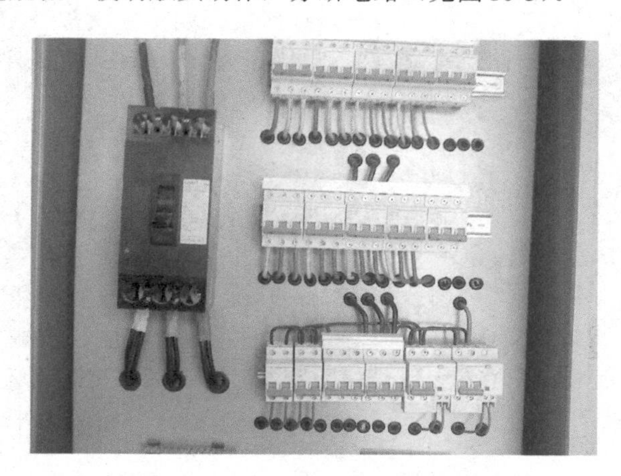

图10-5　会展配电箱、断路器应用案例

第二节　会展工程照明灯具

会展工程照明在展示中扮演着很重要的角色，它可以提高会展效果，营造会展氛围，从而创造出一个愉快舒适的会展环境。在整个会展中，照明设计具有画龙点睛的功效，它就像一个调色板，可制造出各种不同的色调，又像一个五味瓶，可配制出不同的品味，因此，巧妙的照明设计，可以提高展位的品位，强化观众的参观意愿，使视觉营销的效果达到最佳状态，实现照明的重要载体就是各类会展灯具。

会展工程中所使用的灯具很多，按照照明形式分内光源灯具和外光源灯具两大类，内光源灯具一般以日光灯、LED灯具为主，外光源灯具大致可分为下射式、上射式、聚光灯（射灯）、吸顶灯、吊灯或嵌入式灯具等。

一、内光源灯具

会展照明的内光源主要用于会展中的灯箱、发光字、发光柱等部位的照明，灯具主要以日光灯管为主。近几年LED光源以其出色的光源稳定性和灵活多变的光色控制功能，日趋受到工程施工人员的喜爱，开始广泛应用于发光字、发光柱等亚克力吸塑灯箱的照明中。

1.日光灯管

日光灯管就是直管形荧光灯。这种荧光灯属双端荧光灯。传统型荧光灯内装有两个灯丝。灯丝上涂有电子发射材料三元碳酸盐（碳酸钡、碳酸锶和碳酸钙），俗称电子粉。在交流电压作用下，灯丝交替地作为阴极和阳极。灯管内壁涂有荧光粉。管内充有400～500Pa压力的氩气和少量的汞。通电后，液态汞蒸发成压力为0.8Pa的汞蒸气。在电场作用下，汞原子不断从原始状态被激发成激发态，继而自发跃迁到基态，并辐射出波长为253.7nm和185nm的紫外线（主峰值

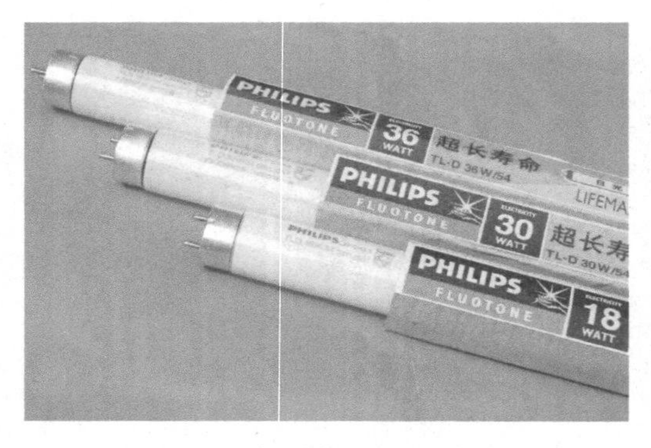

图10-6 常用会展日光灯管图例

波长是253.7nm，约占全部辐射能的70%～80%；次峰值波长是185nm，约占全部辐射能的10%），以释放多余的能量。荧光粉吸收紫外线的辐射能后发出可见光。荧光粉不同，发出的光线也不同，这就是荧光灯可做成白色和各种彩色的缘由。由于荧光灯所消耗的电能大部分用于产生紫外线，因此，荧光灯的发光效率远比白炽灯和卤钨灯高，是目前节能的电光源。

常见标称功率有4W、6W、8W、12W、15W、20W、30W、36W、40W、65W、80W、85W和125W。管径用T4、T5、T8、T10、T12，灯头用G5、G13。目前较多采用T5和T8。T5显色指数＞30，显色性好，对色彩丰富的物品及环境有比较理想的照明效果，光衰小，寿命长，平均寿命达10000h。适合在服装、百货、超级市场、食品、水果、图片、展示窗等色彩绚丽的场合使用。T8色光、亮度、节能、寿命都较佳，适合在宾馆、办公室、商店、医院、图书馆及家庭等色彩朴素但要求亮度高的场合使用（见图10-6）。

2. LED照明灯具

Light Emitting Diode，即发光二极管，是一种半导体固体发光器件，它是利用固体半导体芯片作为发光材料，当两端加上正向电压后，半导体中的载流子发生复合，引起光子发射而产生光。LED可以直接发出红、黄、蓝、绿、青、橙、紫、白色的光。

（1）LED照明灯具的概念　LED照明灯具是利用第四代绿色光源LED做成的一种照明灯具，LED被称为第四代照明光源或绿色光源，具有节能、环保、寿命长、体积小等特点，可以广泛应用于各类会展场所的指示、显示、装饰、背光源、普通照明和城市夜景等领域。

（2）LED照明灯具的特点

① 高节能：节能能源无污染即为环保。直流驱动，超低功耗（单管0.03～0.06W）电光功率转换接近100%，相同照明效果比传统光源节能80%以上。

② 寿命长：LED光源有人称它为长寿灯，意为永不熄灭的灯。固体冷光源，环氧树脂封装，灯体内也没有松动的部分，不存在灯丝发光易烧、热沉积、光衰等缺点，使用寿命可达（6～10）万小时，比传统光源寿命长10倍以上。

③ 多变幻：LED光源可利用红、绿、蓝三基色原理，在计算机技术控制下使三种颜色具有256级灰度并任意混合，即可产生256×256×256=16777216种颜色，形成不同光色的组合、变化多端，实现丰富多彩的动态变化效果及各种图像。

④ 利环保：环保效益更佳，光谱中没有紫外线和红外线，既没有热量，也没有辐射，眩光小，而且废弃物可回收，没有污染，不含汞元素，冷光源，可以安全触摸，属于典型的绿色照明光源。

⑤ 高新尖：与传统光源单调的发光效果相比，LED光源是低压微电子产品，成功融合了计算机技术、网络通信技术、图像处理技术、嵌入式控制技术等，所以亦是数字信息化产品，是半导体光电器件“高新尖”技术，具有在线编程、无限升级、灵活多变的特点（见图10-7）。

图10-7 LED照明灯具图例

二、外光源灯具

会展照明的外光源主要用于会展造型的外观照明，会展外观照明灯具的分类有以下几种方式：按光源可分为白炽灯（紧凑型荧光灯归为这一类）、荧光灯、高压气体放电灯三类；按安装方式一般可分为各类投射灯、吊灯、壁灯、吸顶灯、落地灯、防水灯、筒灯等。

1.各类投射灯具

（1）长臂/短臂射灯　一般用于标准展位的照明，在特装展位中，一般用于展板的局部照明。射灯的种类丰富，有夹式射灯、普通挂式射灯、快接挂式射灯，分别有长、中、短臂之分（见图10-8）。

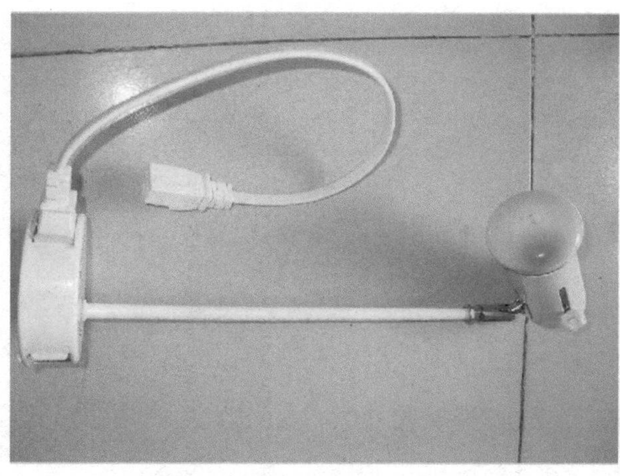
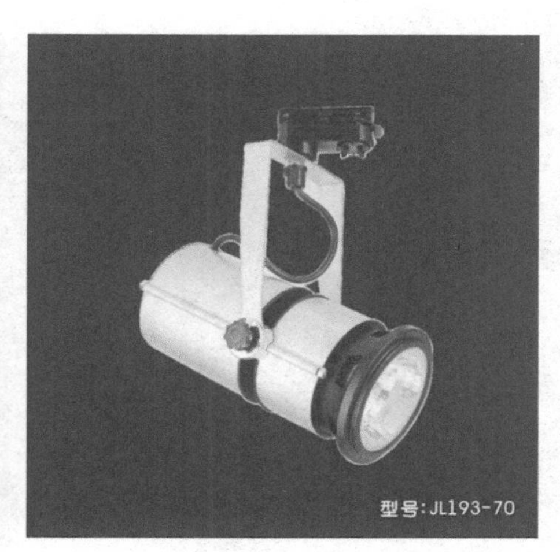

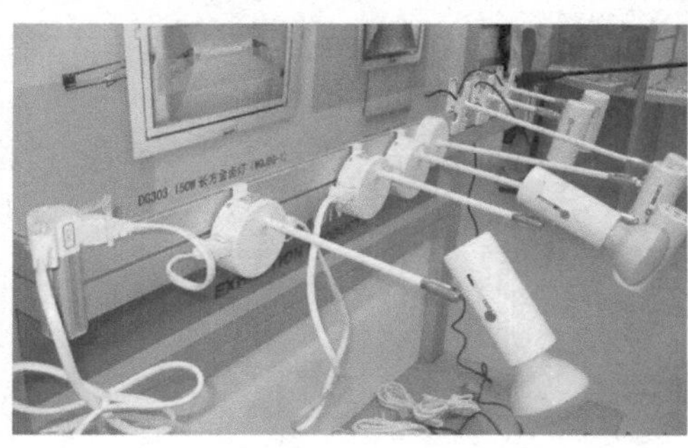
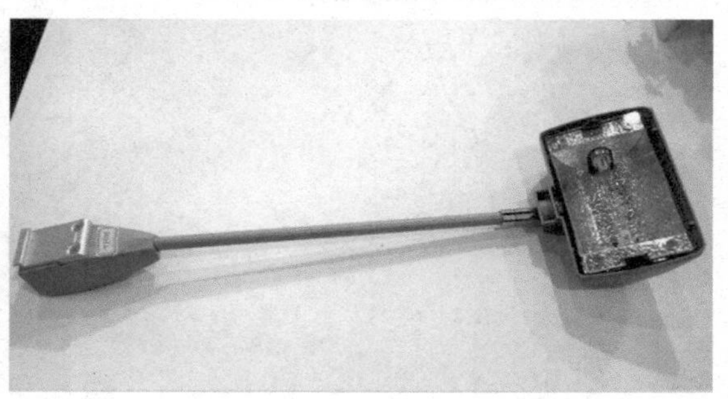

图10-8　各类投射灯具图例

（2）路轨射灯　大都用金属喷涂或陶瓷材料制作，有纯白、米色、浅灰、金色、银色、黑色等色调；外形有长形、圆形，规格尺寸大小不一。射灯所投射的光束，可集中于一幅画、一座雕塑、一盆花、一件精品摆设等。

可连续使用3.5万个小时。

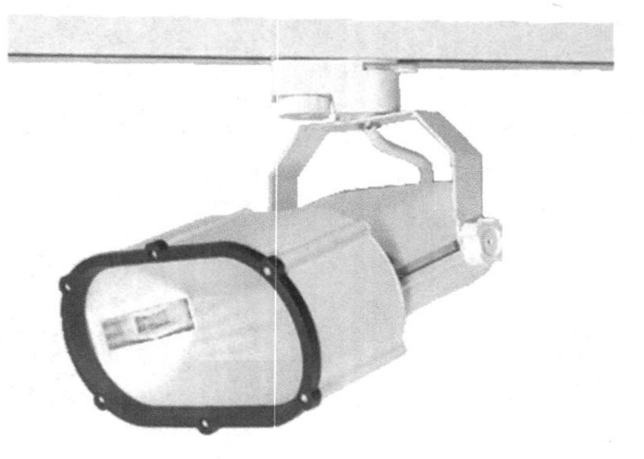

图10-9　路轨射灯图例

功率：1.8W、3.5W、4W（可以自己选择）。

使用电压为DC/AC 12V、24V、110/220V（见图10-9）。

（3）金卤灯射灯　金卤灯因灯泡中填充了金属卤化物而得名，基本构造与发光原理大致与荧光灯管相似，不同之处在于弧光放电点灯，产生高热，金属卤化物升华成为蒸气，直接发出可见光，节能80%～90%，属第三代照明光源。

金卤灯是继白炽灯、卤素灯之后当今世界崛起的第三代绿色照明光源，以光效高、显色性好、使用寿命长等优势，不仅成为高档轿车、背投电视等光源的首选，还可广泛应用于军事、探险、水下作业、野外搜救等领域。与普通白炽灯相比，金卤灯节能效果惊人，市场空间巨大。目前，金卤灯在欧美发达国家发展势头迅猛，已有近40%的普及率。但在我国去年80亿支灯泡产量中，金卤灯比例不到2%。由于功率越小，技术要求越高，目前国内50W以下的金卤灯生产尚属空白。

金卤灯的特点：超高光效可达100lm/W；日光色色温接近6000K；高显色性，显色指数高于90（见图10-10）。

图10-10　各类金卤灯射灯图例

2. 各类装饰灯具

（1）吊灯　吊灯适合于现代会展中宽敞空间中模拟客厅的照明。吊灯的花样最多，常用的有欧式烛台吊灯、中式吊灯、水晶吊灯、羊皮纸吊灯、时尚吊灯、锥形罩花灯、尖扁罩花灯、束腰罩花灯、五叉圆球吊灯、玉兰罩花灯、橄榄吊灯等。用于居室的分单头吊灯和多头吊灯两种，前者多用于卧室、餐厅；后者宜装在客厅里。吊灯的安装高度，其最低点应离地面不小于2.2m。

（2）吸顶灯　吸顶灯常用的有方罩吸顶灯、圆球吸顶灯、尖扁圆吸顶灯、半圆球吸顶灯、半扁球吸顶灯、小长方罩吸顶灯等。吸顶灯适合用于客厅、卧室、厨房、卫生间等处的照明。吸顶灯可直接装在天花板上，安装简易，款式简单大方，赋予空间清朗明快的感觉。

吸顶灯内一般有镇流器和环行灯管，镇流器有电感镇流器和电子镇流器两种，与电感镇流器相比，电子镇流器能提高灯和系统的光效，能瞬时启动，延长灯的寿命。与此同时，它温升小、无噪声、体积小、重量轻，耗电量仅为电感镇流器的1/4 ～ 1/3。吸顶灯的环行灯管有卤粉和三基色粉的，三基色粉灯管显色性好、发光度高、光衰慢；卤粉灯管显色性差、发光度低、光衰快。区分卤粉和三基色粉灯管，可同时点亮两个灯管，把双手放在两灯管附近，能发现卤粉灯管光下手色发白、失真，三基色粉灯管光下手色是皮肤本色。

（3）落地灯　落地灯常用作局部照明，不讲全面性，而强调移动的便利，对于角落气氛的营造十分实用。落地灯的采光方式若是直接向下投射，适合阅读等需要精神集中的活动，若是间接照明，可以调整整体的光线变化。落地灯的灯罩下边应离地面1.8m以上。

（4）壁灯　壁灯适合于现代会展中模拟生活气息设计的照明。常用的有双头玉兰壁灯、双头橄榄壁灯、双头鼓形壁灯、双头花边杯壁灯、玉柱壁灯、镜前壁灯等。壁灯的安装高度，其灯泡应离地面不小于1.8m。

（5）台灯　台灯按材质分陶灯、木灯、铁艺灯、铜灯等，按功能分护眼台灯、装饰台灯、工作台灯等，按光源分灯泡、插拔灯管、灯珠台灯等。

（6）筒灯　筒灯一般装设在会展造型中的周边或面积略大的天棚上。这种嵌装于天花板内部的隐置性灯具，所有光线都向下投射，属于直接配光。可以用不同的反射器、镜片、百叶窗、灯泡来取得不同的光线效果。筒灯不占据空间，可增加空间的柔和气氛，如果想营造温馨的感觉，可试着装设多盏筒灯，减轻空间压迫感。

筒灯的主要问题出在灯口上，有的杂牌筒灯的灯口不耐高温，易变形，导致灯泡拧不下来。现在，所有灯具只有通过3C认证后才能销售，消费者要选择通过3C认证的筒灯（见图10-11）。

图10-11　各类装饰灯具图例

三、灯具的光源及类型

灯具光源的类型很多，市场千变万化，按照物理学原理的分类方法很多，常用的有以下几种分类方法。

① 按发光原理可分为热辐射光源、气体放电光源和场致光源。

热辐射光源是用电把物体（阴极）加热至白炽状态而发光，如白炽灯和卤钨灯。

气体放电光源是让电流流经气体（如氩气、氪气、氙气、氖气）或金属蒸气（如汞蒸气），使之放电而发光。根据发光时产生辉光或弧光，气体放电又分为辉光放电和弧光放电。根据管内气体或金属蒸气压力高低，气体放电又分为低气压（30kPa以下，1Pa=1/133.3mmHg）放电、高气压（30～300kPa）放电和超高气压（300kPa以上）放电。普通荧光灯、节能荧光灯、低压钠灯等即属低气压弧光放电；高压钠灯、高压汞灯和金属卤化物灯等即属高气压弧光放电；超高压汞氙灯、超高压氙灯等即属超高气压弧光放电；霓虹灯、冷阴极管、氖气灯等即属辉光放电。

场致光源是把发光体如荧光粉、砷化镓等置于光源的电极间，电极加上电压后将产生电场，它将激励发光体发光。交流场致发光光源和发光二极管等即属场致放电。

② 按玻壳形状可分为管型和泡型。

管型又可分为直管型、环型、双环型、方型、U型、2U型、3U型、4U型、5U型、H型、2H型、Π型、D型、2D型、L型、M型、螺旋型、双螺旋型等。

泡型也可分为球型、矩型、圆锥型、椭球型、抛物型、梨型、蘑菇型、瓢型、烛光型、A型、B型、C型、E型、F型、G型、K型、M型、P型、R型、S型、T型等。

③ 按管径粗细可分为超细管型（1.8～6.0mm，适用于冷阴极管）、细管型（9.0mm、12mm、16mm，适用于单端紧凑型节能荧光灯和直管型荧光灯）和普通管型（T4-12.5mm、T5-16mm、T8-26mm、T9-29mm、T10-32mm和T12-38mm等，适用于直管型荧光灯、紫外线杀菌灯和黑光灯）。

④ 按发光颜色可分为无色（即透明）、白色、黑色和彩色。其中白色又可分为日光色（6500K）、中性白色（5000K）、冷白色（4000K）、白色（3500K）、暖白色（3000K）和白炽灯色（2700K）。彩色又可分为红、黄、绿、蓝、青、靛、紫等各种颜色（见表10-1）。

表10-1 灯具光源的类型参数

光源种类	光效/(lm/W)	显色指数R_a	色温/K	平均寿命/h
白炽灯泡	15	100	2800	1000
石英卤素灯	15	100	3000	2000～3000
SL灯	50	85	2700/5000	8000
高压汞灯	50	45	3300/4300	6000
普通日光灯	70	70	全系列	8000
PL型灯管	85	85	2700/3000/3500 4000/5000/5300	8000～12000
金属卤化物灯	75～95	65～92	3000/4500/5600	6000～20000
三基色日光灯	96	80～98	全系列	10000
高压钠灯	120	23/60/90	1950/2200/2500	24000
低压钠灯	200	44	1700	28000
LED球泡灯	60～240	正白60～65 暖白50～60	2700/3000/3500 4000/5000/7000	100000

四、电光源常用参数

（1）光通量Φ（light flux） 指光源在单位时间内向周围空间辐射并引起视觉的总能量。它等于光源的辐射功率与标准光谱光视效率的乘积。单位是流明（lm）。

（2）发光强度I（light intensity） 指单位时间内电光源在特定方向单位立体角内发射的光通量。单位是坎德拉（cd）。

（3）发光效率η（light efficiency） 指电光源消耗单位功率（1W）所发射的光通量。单位是流明/瓦（lm/W）。

（4）亮度L（brightness） 单位面光源（$1m^2$面光源）在其法线方向的光强度，它是描述电光源在各方向的发光强度的物理量。单位是坎德拉/平方米（cd/m^2）。

（5）照度E（illuminating degree） 受照物体单位面积（$1m^2$）上所得到的光通量。单位是勒克斯（lx，$1lx=1lm/m^2$）。

（6）色温T_c（colour temperature） 电光源发出的光的颜色与黑体加热到某一温度所发出的光的颜色相同时，该温度即为电光源的色温。单位为绝对温度开尔文（K）。

（7）光色（light colour） 随着光的色温从低向高变化，人眼感觉其颜色从暗红→鲜红→白→浅蓝→蓝变化。可以说光色是对光的颜色的定性描述，而色温是对光的颜色的定量描述。

（8）显色指数Ra（rendition index） 又称显色性。指物体用电光源照明显现的颜色和用标准光源或准标准光源照明显现的颜色的接近程度。单位为数字。通常用正常日光作准标准光源。国际上规定正常日光的显色指数为100。

（9）眩光 光强过大或闪烁过甚的强光令人眼花目眩，这种强光称为眩光。

（10）初始值（initial values） 电光源老化一定时间（如100h）后测得的光电参数值。

（11）光通维持率（lumen maintenance） 指电光源使用一段时间后的光通量与其初始值之比。单位为百分数。

（12）光衰（light wane） 指电光源使用一段时间后，其光通量的衰减情形。光衰大，光通维持率小；光衰小，光通维持率大。可以说，光衰是电光源衰减快慢的定性描述，而光通维持率是电光源衰减快慢的定量描述。

（13）寿命（life） 指电光源燃点至明显失效或光电参数低于初始值的某一特定比率（如50%）时的累计使用时数。单位为小时。

（14）平均寿命（life average） 指一批产品测得的寿命的平均值。单位为小时。

（15）启动电压（start-up voltage） 指放电灯开始持续放电所需的最低电压。单位为伏特（V）。

（16）额定电压（rated voltage） 指维持电光源正常工作所需的工作电压。单位为伏特（V）。

（17）额定电流（rated current） 指电光源正常工作时的工作电流。单位为安培（A）或毫安（mA）。

（18）额定功率（rated power） 指电光源正常工作时所消耗的电功率。单位为瓦特（W）（见图10-12）。

图10-12 各类灯具光源图例

第十一章 现代多媒体影音设备

随着现代科学技术的发展，现代多媒体技术在会展业得到了广泛的应用与普及，各类影音技术层出不穷，极大地丰富了会展工程中音响、影像、画面等广告宣传的表现手法，使现代会展业提高了一个新的层次。

第一节　音响设备

一、调音台

在一些大的会议室工程中，一套音响系统中调音台是必不可少的。调音台可以实现很多功能，有多路输入输出、均衡、编组、效果等功能，每路话筒分别控制，音源可以用其他路来控制，而输出也分别接到不同的音箱，这样做可以控制不同的传声器（话筒）和音源，功放，并实现很多功能，比如开会的时候，为了提高语言的清晰度，可用单声道，同时提高均衡的高频和中高频。

图11-1　调音台图例

调音台又称调音控制台，它将多路输入信号进行放大、混合、分配、音质修饰和音响效果加工，是现代电台广播、舞台扩音、音响节目制作等系统中进行播送和录制节目的重要设备。

调音台按信号出来的方式可分为：模拟式调音台和数字式调音台（见图11-1）。

二、音响扩声系统周边设备

1.均衡器（equalizer，简称EQ）

均衡器分有源均衡器和无源均衡器，下面以通用的无源均衡器为例。

房间均衡器是一种带通滤波器，是调整和改善厅堂的频率传输特性而使用的均衡器，其特点是只有衰减没有提升。滤波器是三阶窄带通滤波器，每个倍频程的衰减量为18dB。也有1倍频程的九段均衡器，1/2倍频程的15段均衡器，1/3段均衡器，一般衰减量有10dB、12dB、15dB、18dB几种。

（1）均衡器的功能特点

① 对音响系统的频率特性（曲线）进行补偿（校正）。

② 对声场的频率特性进行频率补偿。

③ 主观上对音色结构进行加工处理和音色特性的创作。

（2）均衡器的作用

① 提高音质，调整频谱曲线。

② 改善系统的信噪比，衰减噪声频带。

③ 消除声反馈。

④ 弥补声场的缺陷，改善听音环境。

⑤ 修饰、加工音色的重要处理手段。

⑥ 满足不同爱好者在听觉上、心理上的要求。

2.压限器（compressor&limiter）

压限器是压缩器和限幅器的总称。

（1）压缩器（compressor）　它实际上是一个自动音量控制器。当输入信号超过称为阈值的预定电平时，压缩器的增益就下降，信号也就被衰减。为了使压缩器的电平增加1dB，所需增加输入信号的分贝数称为压缩比率或压缩曲线的斜率。如对于4 ：1的比率，输入信号增加8dB，其输出将增加2dB。因音乐信号的响度是变化的，故在某一瞬间可能超出阈值电平，而接着又低于阈值电平。所以在信号超出阈值电平后，压缩器降低增益，在输入信号降至低于阈值电平后，压缩器恢复增益的速度必须确定，此信号取决于信号增加的时间和恢复的时间。

（2）限幅器（limiter）　如果压缩比足够大，压缩器就变为限幅器。限幅器是用来避免信号的峰值超过某一规定的电平，目的是避免放大器、磁带或唱片过负荷。压缩器在极端情况下就是限幅器，它把任何超过阈点电平的波形的顶部都削掉了。大多数限幅器都有10 ：1或者20 ：1的比率，它们可以利用的比率甚至可高达100 ：1。限幅器大多使用在录音场合，因为对于许多连续的峰值信号，必须提高阈值并采用手控增益衰减方式，以便限制那些偶然的极端峰值信号。

3.扩展器和降噪器

（1）扩展器（dilator）　扩展器是一种增益随着输入电平的不同而不同的特殊放大器，它具有一个扩展阈，低于此阈的声音信号才会被提升。当信号电平降低时降低信号增益，或当信号电平升高时提高信号增益，或二者兼而有之的过程称为“扩展”，即当信号电平低（在扩展阈之下）时，增益就低，节目音乐响度就被衰减，当信号电平增加至阈值以上时，增益就增加，扩展器通过使强信号更响、弱信号更弱来增加节目音乐的动态范围。扩展器也可作为降噪器使用，可以使要除去的噪声在预定的阈值点以下，而需要的信号则在阈值点以上。

扩展器的音响效果：

① 使音乐信号产生强节奏；

② 表现出颤音的音响效果；

③ 使音乐伴有鼓音节奏，产生特殊的音响效果。

（2）降噪器（NR） 信号噪声比（S/N）是音响系统的一个重要指标，在整个音响系统中，磁带录音机的信噪比指标最差，因为磁带本身和录音偏磁等都会带来噪声。信噪比下降的后果是造成音响系统的动态范围缩小。

4. 激励器和延迟器

（1）激励器（exciter）

① 激励器的功能 在音响系统中，设备繁多，每一种设备都有一定的失真度，声音从扬声器中放出来时，已经失去了不少成分，其中主要是中频和高频丰富的谐波，听起来缺少现场感，缺少穿透力，缺乏细腻感，缺少明晰度，缺乏高频泛音。激励器是从现代电子技术和心理声学原理上，把失落的细节重新修复，重新再现的一种设备，其结构有两部分：一部分是不经任何处理直接进入到输出放大器，另一部分经过专门的增强线路，产生丰富的可调的音乐谐波（泛音），在输出放大电路中与直接信号混合。

② 激励器的作用

a. 对主声进行处理。

b. 通过主声把电声系统中失去的部分加以恢复，如现场感、亲切感、真实感等中高频泛音。

c. 经过激励后，可使音色增加清晰度、可懂度、透明度，使原声更加优美动听。

（2）延迟器（delay） 在声场中传播的声音包括三个成分：直达声、近讲反射声和混响声，延迟器即是将主声延迟一定时间后再送入声场的设备，它可以产生合唱、镶边、回声和震铃等效果。

5. 混响器

混响器（mixer）：在歌舞厅音响系统中，非常主要的一部分就是对人声的混响处理，人的歌声经过混响处理后，可以产生一种电子音响的美感，使歌声别具一番韵味。它还可以对一些业余歌手嗓音中存在的某些缺陷进行掩饰，使声音不那么难听，把原来的歌声变成了浑浊的电子声，就像在浴室里唱歌一样，混响感很强，另外，混响声还弥补了业余歌手由于未经专门的发声训练而产生的音色结构中泛音不丰富的问题。

混响器的种类有以下几种。

① 环形录音磁带混响器，适用于艺术舞台演出。

② 金箔混响器，适用于某些乐器的混响加工处理。

③ 弹簧混响器，适用于普通型调音台和吉他、贝斯和有源音箱。

④ 混响室混响，一间特制的混响室。

⑤ 电子混响器，由大规模集成电路构成，可模拟各种不同的厅堂混响处理声音，也可以模拟房间密室和金属混响效果，适用于歌舞厅的混响效果。

6. 电子分频器

它的作用是在一个高层次的音响系统中会有相当多的音源，例如交响音乐，就是轻音乐、爵士乐、摇滚乐、现代流行音乐也都有众多的人声，以及旋律乐器和打击乐器，所有这些音源都在一个通道里进行放大、处理，其音频的传输状态不会很理想，其声频和谐波过于浑浊，如果低音和高音在同一系统中传输放大，则会对中高音频有一定损害，往往会对功率较小的中高音频形成一种掩饰作用，中高频成分的细腻部分和音色与音色之间细小差异的表现受到限制。解决该问题的方法是将高中音频和低频进行分离放大和传输，送入专门的低音和中高音放大器，并分别带动低音、中音、高音的音频扬声器。这种将低音、中音、高音信号分开进行传输放大，把全频带的声音信号分成低音和高中音，或分成低音、中音和高音，这样的装置即为电子分频器。

电子分频器的工作原理：电子分频器就是将音频输入信号经过高、低通滤波器和带通滤波器分离出低音、中音和高音（或超高音）信号，分别送入各频带的功率放大器，其输出信号分别带动低音、中音和高音扬声器，从而提高了还音的质量水平。

7.噪声门

（1）噪声门（noise gate）的定义　在录音和摇滚乐中，防止各话筒之间的串音，为了录取最佳音色，在各种鼓和鼓之间选用的话筒型号不同，一支话筒只希望拾取这一个鼓的声音，而不拾取周围其他鼓的声音，从而使其音色纯净，没有其他乐器的声音，也便于调整控制，不存在跟随声音（即带来的其他乐器的声音），如果其他乐器的声音也进入了这支话筒，由于角度、位置不是最佳，音色也不是最佳，从而影响这只话筒的音色结构和音质，也因其他乐器处在这只话筒的侧面、背面，频率特性不佳不全。调音师因怕忘记开报幕员的话筒，装一只噪声门，处于常开状态。报幕员一般谈话听不到，只有当报幕时才被听到。在国际会议桌上，安装了数只话筒，每人可以发言，别人能听到，但当和旁边的翻译或工作人员讲话时，不希望声音进入话筒，安装噪声门后可达到这个目的。另外，在会议中安装了很多话筒，系统总体积增大很多，很容易产生反馈，为了消除这些不必要的反馈，安装噪声门。

（2）噪声门原理　噪声门实际上是一个电子门电路，其门限可以调整。当电路的输入信号电平超过了门限时，电路导通，其特点为：①电路启动快，有些音乐始振特性很快建立起来了，并进入稳态，所以电路动作较灵敏，不使乐音产生始动特性失真；②关门时有延时，保持声音关门时有自然的衰减，给人以舒服的感觉，其噪声门启动快，有可控启动时间按钮，衰减时间也可控、可调。

（3）噪声门的操作　将拾音话筒接入噪声门入端，将噪声门的输出端接入调音台某路的线路输入接口（line），也可以使用调音台的“Insert”三端接口，使噪声门跨接在调音台的某一路通道中。使用中主要是调整选择好噪声门的门限，即选择门限电平值。可以通过现场实际上的操作，将背景噪声电平和其他乐器（不需要进入话筒的声音）电平控制在门限值以下，而将所需拾音的乐器信号电平控制在门限以上，如想校听一下通过噪声门处理后的声音效果，可通过旁路键进行切换，核定一下通过噪声门和切换掉噪声门的不同声音效果。噪声门还有释放时间的选择，选择合适的时间会使音频信号的处理有过渡时区，使声音显得自然。

8.声音效果处理器和变调器

（1）声音效果处理器　在调音台上装置了混响器和延迟器，使声音变得浑厚，增加丰满度、空间感并富有弹性。目前歌舞厅使用的效果器有两大类，一类是日本型的效果器；另一类是欧美型的效果器。日本型的效果器对音色处理幅度大，有夸张特性，听起来感觉强烈，尤其获得歌手的欢迎，使大多数人乐于接受。欧美型效果器的特点是音色真实，有细腻的混响处理，可以模拟欧美音乐厅、迪斯科舞厅、爵士音乐、摇滚音乐、体育馆、影剧院等音响效果，但是加工修饰的幅度不够夸张，所以人们若不仔细听，会感觉效果不够明显，故在娱乐领域内，这类效果处理器并不受宠爱。

（2）变调器　一首流行歌曲一经流行便有男女老少歌迷争相传唱，由于人们的嗓音条件各不相同，在演唱时对伴奏音乐的音调要求也各不相同，有的人希望低些，有的人希望高些，这样就要求伴奏音乐的音调适应演唱者的要求，否则会感到歌声与伴奏声极不和谐，音色干色、难听，还有唱不上去的现象，使人们感到扫兴，这样，就要求根据不同演唱者的情况而进行变调处理。如果使用乐队进行很好的处理，可以根据不同人进行升、降演奏处理，但对伴奏带来说则要求进行变调处理。总之，变调器就是通过电子电路对音乐中的音乐频率进行升高和降低处理（见图11-2）。

图11-2　音响扩声系统周边设备图例

三、音箱设备

音箱的定义是指能释放出与原来的声音高度相似的重放声音。

按箱体结构来分：可分为密封式音箱、倒相式音箱、迷宫式音箱、声波管式音箱和多腔谐振式音箱等。其中在专业音箱中用得最多的是倒相式音箱，其特点是频响宽、效率高、声压大，符合专业音响系统音箱型式，但因其效率较低，故在专业音箱中较少应用，主要用于家用音箱，只有少数的监听音箱采用封闭箱结构。密封式音箱具有设计制作调试简单、频响较宽、低频瞬态特性好等优点，但对拨声器单元的要求较高。目前，在各种音箱中，倒相式音箱和密封式音箱占据大多数比例，其他型式音箱的结构形式繁多，但所占比例很少。

1. 密闭式音箱（closed enclosure）

是结构最简单的扬声器系统，1923年由FrederICk提出，由扬声器单元装在一个全密封箱体内构成。它能将扬声器的前向辐射声波和后向辐射声波完全隔离，但由于密闭式箱体的存在，增加了扬声器运动质量产生共振的刚性，使扬声器的最低共振频率上升。密闭式音箱的声色有些深沉，但低音分析力好，使用普通硬折环扬声器时，为了得到满意的低音重放，需要采用容积大的大型箱体，新式的密闭音箱大多选用Q值适当的高顺性扬声器。利用封闭在箱体中的压缩空气质量的弹性作用，尽管扬声器装在较小的箱体中，锥盆后面的气垫会对锥盆施加反动力，所以这种小型密闭式音箱也称气垫式音箱。

2. 低音反射式音箱（bass-reflex enclosure）

也称倒相式音箱（acoustical phase inverter），1930年由Thuras发明。在它的负载中有一个出声口开孔在箱体一个面板上，开孔位置和形状有多种，但大多数在孔内还装有声导管。箱体的内容积和声导管孔的关系，根据磁共振原理，在某特定频率产生共振，称反共振频率。扬声器后向辐射的声波经导管倒相后，由出声口辐射到前方，与扬声器前向辐射声波进行同相叠加，它能提供比密闭式更宽的带宽，具有更高的灵敏度，较小的失真。理想状态下，低频重放频率的下限可比扬声器共振频低20%之多。这种音箱用较小箱体就能重放出丰富的低音，是目前应用最为广泛的类型。

3. 声阻式音箱（acoustic resistance enclosure）

实质上是一种倒相式音箱的变形，它以吸声材料或结构填充在出声口导管内，作为半密闭箱控制倒相作用，使之缓冲，以降低反共振频率来展宽低音重放频段。

4. 传输线式音箱（labyrinth enclosure）

是以古典电气理论的传输线命名的，在扬声器背后设有用吸声性壁板做成的声导管，其长度是所需提升低频声音波长的1/4或1/8。理论上它衰减由锥盆后面来的声波，防止其反射到开口端而影响低音扬声器的声辐射，但实际上传输线式音箱具有轻度阻尼和调谐作用，增加了扬声器在共振频率附近或以下的声输出，并在增强低音输出的同时减小冲程量。通常这种音箱的声导管大多叠呈迷宫状，所以也称迷宫式或曲径式。

5. 无源式辐射式音箱（drone cone enclosure）

是低音反射式音箱的分支，又称空纸盆式音箱，是1954年由美国的Olson和Preston发表的，它的开孔出声口由一个没有磁路和音圈的空纸盆（无源锥盆）取代，无源锥盆振动产生的辐射与扬声器辐射声处于同相工作状态，利用箱体内空气和无源锥盆支撑组件共同构成的复合声顺形成共振，增强低音。这种音箱的主要优点是避免了反射出声孔产生的不稳定的声音，即使容积不大也能获得良好的声辐射效果，所以灵敏度高，可有效地减小扬声器工作幅度，驻波影响小，声音清晰透明。

6. 耦合腔式音箱

是介于密闭式和低音反射式之间的一种箱体结构，1953年由美国的Henry Lang发表，它的输出由锥盆一边所驱动的出声孔输出，锥盆另一边则与一闭箱耦合。这种音箱的优点为低频时扬声器所推动的空气量大大增加，由于耦合腔是个调谐系统，在锥盆运动受限制时，出声口输出不超过单独锥盆的声输出，展阔了低频重放范围，所以失真减小，承受功率增大。1969年日本Lo-d的河岛幸彦发表的A・S・W（acoustIC super woofer）音箱就是一种耦合腔式音箱，适于用小口径、长冲程扬声器不失真重放低音。

7. 号筒式音箱（horn type enclosure）

对家用型来讲，多采用折叠号筒（folded horn）形式，它的号筒喇叭口在口部与较大空气负载耦合，驱动端直径很小，这种音箱的背面是全密封的，箱腔内的压力大多在扬声器锥盆的背面上。为便锥盆前后压力保持平衡，倒相号筒装置置于扬声器前面。折叠号筒音箱是倒相式音箱的派生，其声响效果优于密闭式音箱的一般低音反射式音箱（见图11-3）。

图11-3　各类会展音箱设备图例

第二节　影像设备

一、LED显示屏

1. LED定义

在某些半导体材料的PN结中，注入的少数载流子与多数载流子复合时会把多余的能量以光的形式释放出来，从而把电能直接转换为光能。PN结加反向电压，少数载流子难以注入，故不发光。这种利用注入式电致发光原理制作的二极管叫发光二极管，简称LED。LED的发光颜色和发光效率与制作LED的材料和工艺有关，目前广泛使用的有红、绿、蓝三种。由于LED工作电压低（仅1.5 ～ 3V），能主动发光且有一定亮度，亮度又能用电压（或电流）调节，本身又耐冲击、抗震动、寿命长（10万小时），所以在大型显示设备中，目前尚无其他的显示方式与LED显示方式匹敌。

把红色和绿色的LED放在一起作为一个像素制作的显示屏叫做双色屏或彩色屏；把红、绿、蓝三种LED管放在一起作为一个像素的显示屏叫三色屏或全彩屏。

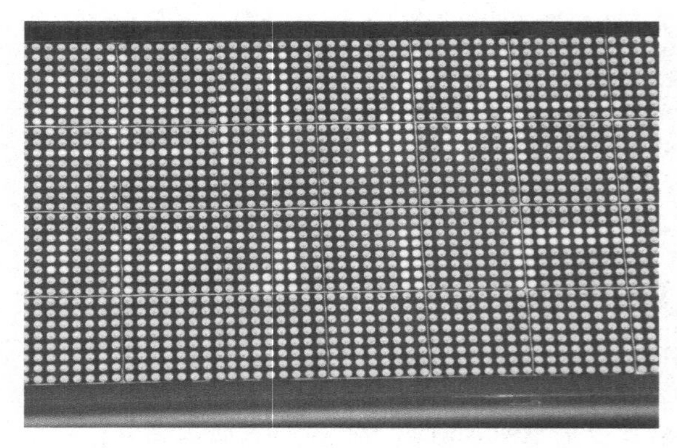

图11-4　LED显示屏应用图例

无论用LED制作单色、双色或三色屏，欲显示图像，需要构成像素的每个LED的发光亮度都必须调节，其调节的精细程度就是显示屏的灰度等级。灰度等级越高，显示的图像就越细腻，色彩也越丰富，相应的显示控制系统也越复杂。一般256级灰度的图像，颜色过渡已十分柔和，而16级灰度的彩色图像，颜色过渡界线十分明显。所以，彩色LED屏当前都要求做成256级灰度（见图11-4）。

2. LED显示屏工作原理

LED电子显示屏是集光电及计算机技术于一体的高技术产品。

LED产品的性能特性如下。

文本LED显示屏和图文LED显示屏应具有在详细规范中规定的移入移出方式及显示方式。

计算机视频LED显示屏应具有：动画功能，要求LED显示屏动画显示与计算机显示器相对应区域显示一致；文字显示功能，要求文字显示稳定、清晰串扰；灰度功能，要求具有在详细规范中规定的等级灰度，电视视频LED显示屏除具有动画、文字显示、灰度功能外，应可放映电视、录像画面。行情LED显示屏具有与其相应的行情显示能力。

3. LED显示屏的分类

LED显示屏可依据下列条件分类。

（1）使用环境　LED显示屏按使用环境分为室内LED显示屏和室外LED显示屏。

（2）显示颜色　LED显示屏按显示颜色分为单基色LED显示屏（含伪彩色LED显示屏）、双基色LED显示屏和全彩色（三基色）LED显示屏。按灰度级又可分为16级、32级、64级、128级、256级灰度LED显示屏等。

（3）显示性能　LED显示屏按显示性能分为文本LED显示屏、图文LED显示屏、计算机视频LED显示屏、电视视频LED显示屏和行情LED显示屏等。行情LED显示屏一般包括证券、利率、期货等用途的LED显示屏。

（4）基本发光点　非行情类LED显示屏中，室内LED显示屏按采用的LED单点直径可分为Φ3mm、Φ375mm、Φ5mm、Φ8mm和Φ10mm等显示屏；室外LED显示屏按采用的像素直径可分为Φ19mm、Φ22mm和Φ26mm等LED显示屏。行情类LED显示屏中按采用的数码管尺寸可分2.0cm（0.8in）、2.5cm（1.0in）、3.0cm（1.2in）、4.6cm（1.8in）、5.8cm（2.3in）、7.6cm（3in）等LED显示屏。

4. LED显示屏技术参数

（1）LED基本器件和功能的选择　LED显示屏的基本显示器件的选择，一般根据客户对LED显示屏的显示内容、安装位置、光亮环境、观察距离、费用预算等要求或因素进行综合确定。而显示屏基本发光点大小的选择主要与观察距离有关，观看距离越远，要求选择显示屏基本发光点越大。另一方面，显示屏基本发光点越小（点间距也越小），其清晰度就越高，单位面积内包含的显示信息内容越多。

一般来说，价格的差异符合以下规律：

① φ3.0mm>φ3.7mm>φ5.0mm；

② 三基色（全彩）>双基色>单基色；

③ 超超高亮度>超高亮度>高亮度；

④ 计算机视频屏（同步）>图文屏（异步）；

⑤ 高色阶>低色阶>无色阶。

（2）系统固定技术指标

① 基色色阶：1024级灰度。

② 点阵类别：中文全角–16×16点阵。

③ 单点亮度：21mcd-高亮度。

④ 适用场所：室内。

⑤ 显示方式：同步-视频屏。

⑥ 显示接口：DVI卡数字特征接口，直接连接。

⑦ 可靠试验：≥72h。

⑧ 显示速度：≥120帧/s，刷新≥60帧/s。

⑨ 工作温度：–10～65℃。

⑩ 工作电压：AC 50Hz 220V±10%。

⑪ 可视角度：垂直/水平±85°。

⑫ 平均寿命：100000h。

（3）可变技术指标

① 显示器件：Φ5.0mm-LED 8×8模块式。

② 显示基色：红色。

③ 最佳视距：6～7m，可视1～50m。

④ 平均功耗：300W/m^2，峰值800W/m^2。

⑤ 质量：≤25kg/m^2。

⑥ 外框材料：哑光。

（4）硬件配置

① LED显示屏屏体：包括LED模块、线路板、主控板、内外框、电源等。

② 同步计算机（建议）：联想P3以上配置、PC机内加装专用显卡、专用控制卡。

图11-5 图文LED显示屏会展应用案例

③ 传输通讯线：标准8芯网线（1～2条）。

（5）软件配置

① 操作系统：DOS、Windows98/2000/NT/XP。

② 应用软件：光盘一张。

a.LED演播显示系统（功能强大、操作简单，中/英文界面）\ LED设置软件。

b.桌面时钟软件 \ 边框设置软件 \ 通知字幕显示软件 \ 定时开关机软件。

c.远程控制系统软件 \ 金山快译 \ Windows Media Player \ ACDSS32（见图11-5）。

二、等离子电视

PDP电视：Plasma Display Panel，简写PDP就是我们平常所说的等离子显示器。

1.等离子电视的工作原理及特点

发光原理：等离子显示器是一种利用气体放电的显示装置，这种屏幕采用了等离子管作为发光元件。大量的等离子管排列在一起构成屏幕。每个等离子对应的每个小室内部充有氖氙气体。在等离子管电极间加上高压后，封在两层玻璃之间的等离子管小室中的气体会产生紫外线，从而激励平板显示器上的红、绿、蓝三基色荧光粉发出可见光。

显著特点：

① 亮度、高对比度；

② 纯平面图像无扭曲；

③ 超薄设计、超宽视角；

④ 具有齐全的输入接口，可接驳市面上几乎所有的信号源；

⑤ 具有良好的防电磁干扰功能；

⑥ 环保无辐射；

⑦ 散热性能好，无噪声困扰。

2.等离子电视的优点

等离子显示器与传统的显像管显示器（就是我们家里现在用的普通模拟电视）相比，优势表现在以下几方面。

① PDP显示器的体积更小、质量更轻，而且无X射线辐射。

② 由于PDP各个发光单元的结构完全相同，因此不会出现显像管常见的图像的几何变形。

③ PDP屏幕亮度非常均匀——没有亮区和暗区；而传统显像管的亮度-屏幕中心总是比四周亮度要高一些。

④ PDP不会受磁场的影响，具有更好的环境适应能力。

⑤ PDP屏幕不存在聚焦的问题。因此，显像管某些区域因聚焦不良或年月已久开始散焦的问题已得以解决，不会产生显像管的色彩漂移现象。

⑥ 表面平直使大屏幕边角处的失真和色纯度变化得到彻底改善。高亮度、大视角、全彩色

和高对比度，使PDP图像更加清晰，色彩更加鲜艳，效果更加理想，令传统电视叹为观止（见图11-6）。

从上面的论述可以看出来，等离子优点非常多，轻薄，这意味着可以满足用户越来越“大”的要求，亮度均匀而且非常明亮（这一点就是LCD液晶电视的缺点），不涉及聚焦问题。但是，最大的缺点就是太贵了。不过这是与技术相关的，随着技术的进步，价格就会大幅下降。从支持的厂商来说，国外厂商韩国的LG、三星、现代，美国的Plasmaco公司、荷兰的飞利浦公司和法国的汤姆逊公司等都开发了各自的PDP产品。我国台湾地区的明基、中华映管等开发了自己的PDP产品，我国的TCL、创维、海信也都推出了自己的产品。就我个人来说，作为将来家庭电视影院化，PDP是首选，当然前提是期待价格速降。

3. 等离子电视的应用

在平板电视业界，等离子电视以其优异的表现，不仅仅征服了家用电视用户，同样以其经久耐用、质量出众适应了要求较高的行业应用要求。除了我们所熟悉的家庭使用属于民用领域外，还有更为广阔的行业应用，尤其在会展工程应用领域。目前等离子屏的应用行业包括：酒店、宾馆、餐厅、教育、地铁、银行、证券交易所、广场、工厂、学校等；等离子屏同样凭借综合实力征服了众多的消费者，为我们的生活带来了更多的便捷（见图11-7）。

图11-6　某品牌等离子电视图例

图11-7　等离子电视在会展中的应用案例

三、液晶电视

所谓的液晶电视，我们对它的熟悉更早的是来自于笔记本电脑，还有液晶显示器。2003年年末，全世界的TFT-LCD面板厂总共生产出9000多万片面板。这9000多万片面板并非仅供彩电产业使用。4000万片被提供给笔记本电脑，4900万片被提供给液晶显示器，分给液晶电视的只有剩下的不到400万片。而且为了节省材料，5代生产线更适合于切割15in以下的小屏幕，而不是大的，所以大家会发现市场上的液晶电视一般都是15in屏的。

1. 工作原理

液晶显示器中最主要的物质就是液晶，当通电时导通，分子排列变得有秩序，使光线容易通过；不通电时分子排列混乱，阻止光线通过。让液晶分子如闸门般地阻隔或让光线穿透。因为液晶材料本身并不发光，所以在显示屏两边都设有作为光源的灯管，而在液晶显示屏背面有一块背光板（或称匀光板）和反光膜，背光板是由荧光物质组成的，可以发射光线，其作用主要是提供均匀的背景光源。背光板发出的光线在穿过第一层偏振过滤层之后进入包含成千上万液晶液滴的液晶层。对于液晶显示器来说，亮度往往和它的背板光源有关。背板光源越亮，整

图11-8 液晶电视图例

个液晶显示器的亮度也会随之提高。而在早期的液晶显示器中，因为只使用2个冷光源灯管，往往会造成亮度不均匀等现象，同时明亮度也不尽如人意。一直到后来使用4个冷光源灯管产品的推出，才有了不小的改善。从上面叙述的LCD原理可以知道，光源的好坏将直接影响到画面的亮度和质量。这也是为什么笔记本的液晶显示器使用寿命是有限的，而且是比较短的，就是因为受灯管影响非常大（见图11-8）。

2.液晶电视的优点

和传统彩电相比，其优势主要表现在以下几个方面。

① 图像清晰度高，一般来说都能达到1024×758像素，完全符合未来高清数字电视要求。

② 机身轻薄，厚度在4cm以内，仅有等离子电视的1/3 ～ 1/2，是普通CRT电视厚度的1/10左右。

③ 外观时尚美观，十分吻合当代人们的审美情趣，尤其受到年轻一代的追捧。

④ 使用寿命长，一般达到50000h以上，按一天使用8h计算，可使用17年，比普通CRT彩电使用寿命还长。

⑤ 环保节能，液晶电视采用逐行扫描与点阵成像，图像无闪烁，不会对人眼造成伤害。21in液晶电视功率为40W，30in为120W，比普通CRT彩电省电。

由于液晶电视里面是要灌液晶，随着尺寸的增大，灌制的难度和成本会大幅提高，因此行业对等离子和液晶发展方向的判断为：液晶电视向中小屏幕方向发展，等离子电视向大屏幕方向发展。

四、DLP背投

DLP背投（digital light processor）：数码光输处理器。所谓DLP背投，是一种应用了全数字化图像再生的背投，其工作原理是将光通过过滤器投射到数码微芯片（DMD）表面，利用反射光形成图像，从而减少亮度损失，提高清晰度。该技术由美国德州仪器耗资近20亿美元研发，最初被应用于太空领域，1996年才开始应用于商业领域。据了解，DLP背投目前在美国市场上的增势迅猛，销量已占整个背投市场销量的30%。但中国背投市场仍是传统显像管背投占据绝对垄断。

DLP背投电视的优点如下。

① 更大、更清晰的画面视听享受。

传统的显像管式电视机由于受技术及成本的限制，38in基本已是屏幕对角线尺寸的极限，而背投彩电的尺寸却是43in、48in、51in。

② 成熟的高亮度和长寿命使用技术。

背投式显示系统采用的是封闭的投射光路，所以完全避免了外界光线干扰，因此使得屏幕亮度大幅提高。我们知道，一般普通投影机亮度也就在1000lm左右，而背投电视可以达到4000 ～ 5000lm，这样不会有黯淡的效果，使得显示图像更加艳丽逼真。

③ 更符合环保健康要求。

④ 价格实惠，使用寿命长。

DLP背投技术目前被美国德州仪器公司独家垄断，而日本企业如索尼、三洋，在液晶技术上一向拥有优势。日本彩电企业担心一旦DLP背投市场形成规模，整个DLP背投市场会被德州仪器一家左右，因此大多不热衷于相关项目。日本企业退出，恰恰让中国彩电企业看到了市场的空白点，这也是DLP阵营主要为中国本土彩电企业的原因。在中国高端背投市场上，此前只有一个在年初形成的“DLP背投阵营”，代表企业有LG、创维和上广电。康佳和TCL也都属于该阵营（见图11-9）。

五、超薄灯箱

超薄灯箱亦称导光板超薄灯箱，是将光导技术与数码印刷技术相结合的高科技型产品，使用普通荧光灯管或LED等作为光源，并采用多种多样的外框材料而制成的一种多功能的新型广告灯箱。

1.超薄灯箱原理

超薄灯箱的主要技术就是导光板，简单来说就是在光学级亚克力（有机玻璃）平板上用高反射率且不吸光的材料，在导光板底面用激光雕刻机打上圆形或方形的扩散点，当光线从侧面射到扩散点时，反射光会往各个角度扩散，然后破坏反射条件，由导光板正面射出，利用各种疏密、大小不一的扩散点，可使导光板均匀发光，将侧发光转换成“面”发光，再加上反射板将底面露出的光反射回导光板中，用来提高光的使用效率（见图11-10）。

图11-9　DLP背投电视应用案例

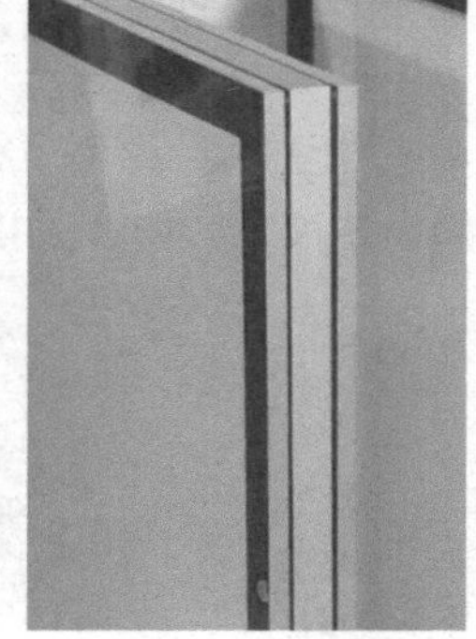

图11-10　超薄灯箱结构图例

2.超薄灯箱的分类

按照光源分为：① LED超薄灯箱；② CCFL超薄灯箱；③EEFL超薄灯箱；④ T4/T5荧光灯超薄灯箱。按照设计及材料，还可分为：① 不锈钢超薄灯箱；② 铝制超薄灯箱。

3.超薄灯箱的特点

（1）超薄超轻　外形美观，其厚度一般小于3cm，最大限度地提高了空间利用率，美化了环境，拓宽了应用范围。

（2）明亮匀光　明亮的光线完全平面输出，且近乎完美的均匀，杜绝了普通灯箱所共有的明暗光痕。其卓越的光学特性除广泛应用于公共场所外，更扩大了其在精密显示、摄影及医疗看片、科研、高标准照明等高科技领域的应用，效果可媲美液晶显示器。

（3）高效节能　它的另一个值得称道的优势就是节能，由于使用了先进的导光板发光技术，耗电量仅是同画面面积普通灯箱的23%。以1m^{2}画面面积灯箱每天用电10h计算，普通灯箱年耗电近900度，超薄灯箱年耗电仅200度，省电77%，仅当年节省的电费即可收回投资。

（4）稳定耐用　超薄灯箱采用的特制高亮度优质荧光灯管平均使用寿命达8000h以上；专用的冷阴极灯管平均使用寿命达1.5万小时以上。超薄灯箱所用灯管的使用寿命是普通灯管使用寿命的5～10倍。使用寿命的延长大大节省了维护费用。

（5）安装便捷　超薄灯箱广泛采用了进口优质铝合金开启式整体外框结构，配备可移动式挂钩或挂孔，使灯箱安装及画面更换简单、快捷、省工、省时、省钱。

相比较传统灯箱，超薄灯箱不会发生灯管闪烁、灯管亮度不均、光线刺眼、室外灯箱进水后短路起火等情况，而且整个平面不发热，展示的灯片不会受热发黄。超薄灯箱由于使用了液晶导光科技，亮度更高，整体性强，使图片光线均匀柔和，立体感强，其新颖时尚性，能带来更好的广告效果，为您的公司形象加分（见图11-11）。

六、摇头电脑灯

专业摇头电脑灯是集电子、机械、光学为一体的高科技产品。电脑灯效果的产生，是通过不同的造型景象、不同的色彩变化，不同的视角、水平、垂直出光角度的变化及速度快慢、频闪快慢、光圈大小变化、焦距变化等综合表现出来的。所有这些属性指标的工作是通过步进电机的传动来实现的，将步进电机的电气运行参数加以定义编程，就完成了电脑灯的控制。

合格的专业摇头电脑灯，必须稳定可靠、光效优良、定位准确、散热良好，灯体及材料结构符合人机工程要求。

专业摇头电脑灯从使用功率大小可分为250W、575W、1200W等品种。其中1200W为专业演出场所的主要灯型。本文重点对1200W摇头灯的构造原理进行剖析。概括地说，摇头电脑灯是由光学、机械、电气及程序控制三大系统组成的。三大系统相互关联、有机组合，满足光、色彩、速度、方向、效果、散热、噪声、定位等要素的需要（见图11-12）。

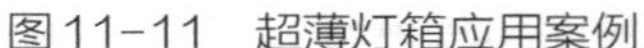
图11-11　超薄灯箱应用案例

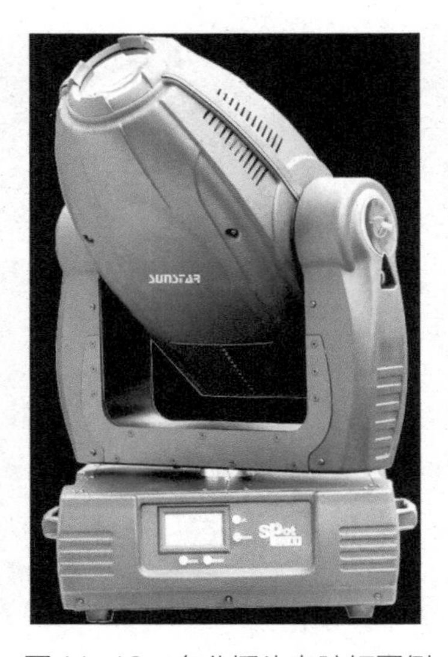

图11-12　专业摇头电脑灯图例

1. 专业摇头电脑灯的构造原理

（1）光学系统　光学系统设计最主要考虑光源光通量利用率。具体表现指标包括光的强度、均匀度、饱和度、光斑大小。影响上述指标的要素有两方面，一是光源，二是光学系统结构、材料选择。目前，国内外厂家、用户基本推荐OSRAM或PHILIPS 1200W短弧双端金属气体放电灯管。其特性是紧凑性、高亮度、高色温、显色性好及灯源在调暗的过程中，能保持相对稳定的色温。缺点是，这种灯管内填充剂的分层问题，即填充剂在电弧成像中出现色带或在电弧管中凝结，形成阴影效果，需在光学结构设计时控制在最小范围。在光学结构中，为求得均匀的混合光束，可采用抛物面的反光镜，要采集发散或窄光束，应选择有刻度加工或表面纹理的反光镜。

（2）机械系统　机械系统范围很宽，包括材料、结构、机械性能、壳体要求、散热要求等。灯具材料的选择主要考虑的因素有：满足灯的功能要求、制造难易程度及经济性。目前，国际、国内1200W摇头灯的材料主要有钢材、塑料、铝合金。在考虑满足灯的总体功能的前提下，设计灯的结构模型，分不同部位，采用不同的材料。灯体的机械性能，主要体现在灯体部件的机械强度，使灯体在连续有效工作的时间内，不变形、耐磨损、耐腐蚀、抗震、抗压；灯的壳体必须有严格的防水、防尘、防静电、防潮要求。

1200W大功率电脑灯的机械结构，散热要求至关重要，散热系统如有缺陷，通常会造成电气参数漂移，色片、影片破裂，出现斑块，产生死机、失步、不受控制等严重后果。

（3）电气及程序控制部分

① 摇头电脑灯的电气特性及电路设计

目前全世界范围内专业1200W摇头电脑灯绝大多数采用稀有气体放电泡光源。气体放电泡的启动和稳定工作取决于电路类型的设计，以及供电电源、镇流器等电气元件的选择。稀有气体放电泡启动后，一般不需要稳定的时间，为保证趋稳，在整个交流周期里，电路的维持电压和灯泡的瞬时电压之间的差值应充分大。

光源的启动、稳定性、熄灭、再启动，应根据光源的特性要求设计电路。稀有气体放电泡的启动电压非常高，要求采用变压器、启动器件、半共振电路等方式，提高瞬间启动电压。光源启动后的稳定性，取决于镇流器和电路参数的匹配。镇流器的基本功能是防止电流失控和使光源在它正常的电气特性下工作。目前生产企业通常采用两种镇流器，一种是电感整流器，一种是电子整流器。电感整流器的优点是稳定性好，缺点是重，对灯体的强度、搬运、装卸都有较高要求；电子整流器本质上是电源转换电路，将输入的电源电流进行频率、波形和幅度方面的改变。其优点是质量轻，方便装卸、搬运；缺点是结构设计要求高，维护成本高。

② 程序控制部分

目前国际、国内电脑灯普遍采用DMX数据格式编写程序文件。DMX512的原理：DMX数据流的速度是250K，即每个BIT为标准的4μs。

2. 专业摇头电脑灯的应用

在会展环境中，可以根据用户的需求把企业的标志、图案等图案通过摇头电脑灯投射到远边的墙体或幕布上，通过摇头摆动达到吸引观众视线的目的，突出会展的氛围。图案可叠加，每个图案轮均含6个旋转图案，每个图案均可随意拆卸更换，每个图案轮可独立旋转图案，0°～540°线性刻度定位，正反线性平滑旋转（见图11-13）。

图11-13　专业摇头电脑灯在会展工程中的应用案例

七、霓虹灯

霓虹灯自1910年问世以来，历经百年不衰。它是一种特殊的低气压冷阴极辉光放电发光的电光源，而不同于其他诸如荧光灯、高压钠灯、金属卤化物灯、水银灯、白炽灯等弧光灯。霓虹灯是靠充入玻璃管内的低压惰性气体，在高压电场下冷阴极辉光放电而发光的。霓虹灯的光色是由充入惰性气体的光谱特性决定的：光管型霓虹灯充入氖气，霓虹灯发红色光；荧光型霓虹灯充入氩气及汞，霓虹灯发蓝色、黄色等光，这两大类霓虹灯都是靠灯管内的工作气体原子受激辐射发光的。

1.霓虹灯的特点

（1）高效率　霓虹灯是依靠灯光两端电极头在高压电场下将灯管内的惰性气体击燃，它不同于普通光源必须把钨丝烧到高温才能发光，造成大量的电能以热能的形式被消耗掉，因此，用同样多的电能，霓虹灯具有更高的亮度。

（2）温度低，使用不受气候限制　霓虹灯因其冷阴极特性，工作时灯管温度在60℃以下，所以能置于露天日晒雨淋或在水中工作。同样因其工作特性，霓虹灯光谱具有很强的穿透力，在雨天或雾天仍能保持较好的视觉效果。

（3）低能耗　在技术不断创新的时代，霓虹灯的制造技术及相关零部件的技术水平也在不断进步。新型电极、新型电子变压器的应用，使霓虹灯的耗电量大大降低，由过去的每米灯管耗电56W降到现在的每米灯管耗电12W。

（4）寿命长　霓虹灯在连续工作不断电的情况下，寿命达10000h以上，这一优势是其他任何电光源都难以达到的。

（5）制作灵活，色彩多样　霓虹灯由玻璃管制成，经过烧制，玻璃管能弯曲成任意形状，具有极大的灵活性，通过选择不同类型的管子并充入不同的惰性气体，霓虹灯能得到五彩缤纷、多种颜色的光。

（6）动感强，效果佳，经济实用　霓虹灯画面由常亮的灯管及动态发光的扫描管组成，可设置为跳动式扫描、渐变式扫描、混色变色七种颜色扫描。扫描管由装有微电脑芯片编程的扫描机控制，扫描管按编好的程序亮或灭，组成一幅幅流动的画面，似天上彩虹、像人间银河，更酷似一个梦幻世界，引人入胜，使人难以忘怀。因此，霓虹灯是一种投入较少、效果强烈、经济实用的广告形式。

霓虹灯是一种冷阴极辉光放电管，其辐射光谱具有极强的穿透大气的能力，色彩鲜艳绚丽、多姿，发光效率明显优于普通的白炽灯，它的线条结构表现力丰富，可以加工弯制成任何几何形状，满足设计要求，通过电子程序控制，可变幻色彩的图案和文字，受到人们的欢迎。

霓虹灯的亮、美、动特点，是目前任何电光源所不能替代的，在各类新型光源不断涌现和竞争中独领风骚。

由于霓虹灯是冷阴极辉光放电，因此一只质量合格的霓虹灯其寿命可达20000～30000h。

2.霓虹灯的工作原理

当外电源电路接通后，变压器输出端就会产生几千伏甚至上万伏的高压。当这一高压加到霓虹灯管两端电极上时，霓虹灯管内的带电粒子在高压电场中被加速并飞向电极，能激发产生大量的电子。这些激发出来的电子，在高电压电场中被加速，并与灯管内的气体原子发生碰撞。当这些电子碰撞游离气体原子的能量足够大时，就能使气体原子发生电离而成为正离子和电子，这就是气体的电离现象。带电粒子与气体原子之间的碰撞，多余的能量就以光子的形式发射出来，这就完成了霓虹灯的发光点亮的整个过程。

3. 霓虹灯制作工艺

霓虹灯在制作工艺上，不论是明管、粉管还是彩管，其制作工艺基本相同，它们都需经过玻管成型、封接电极、轰击去气、充惰性气体、封排气孔、灯管的老炼和测试工艺。

玻管成型——即制作人员沿着图案或文字的轮廓经过专用火头，将直玻璃管烧、烤、弯成图案或文字的过程，制作人员水平的高低可凭肉眼看出来，水平低的人员制成的灯管易出现转弯处凹凸不平、太厚或太薄、内侧皱折、偏歪不成平面等。

封接电极——即将弯成型的灯管经过火头接上电极和排气孔的过程，接口不得太薄或太厚，接口处须完全烧融，否则易出现慢漏气。

轰击去气——制作霓虹灯的关键。是通过高压电轰击电极，加热电极焚烧灯管电极内肉眼看不见的水蒸气、尘土、油质等物质，排掉这些有害物质，将玻管抽成真空的过程。若轰击去气的温度达不到要求，上述有害物质会除不彻底，直接影响灯管的质量。轰击去气的温度过高会引起电极过度氧化，使其表面产生氧化层，引起灯管质量下降。轰击去气彻底的玻管充入适当惰性气体，经过老炼，即完成霓虹灯制作过程。

4. 霓虹灯的应用

① 广泛应用于现代会展的企业标志、标示字体、宣传口号等。

② 政府、企事业单位的霓虹灯广告，是广告家族中重要的艳丽一族。

③ 安全标记与指示：楼梯、通道、门牌、出口、临时户外危险场地警示（见图11-14）。

图11-14　会展现场霓虹灯的应用

第三节　互动多媒体设备

一、虚拟翻书

电子虚拟翻书系统就是虚拟电子书，又叫作虚拟翻书、感应翻书、电子翻书、互动翻书、魔幻书等，虚拟电子书犹如一本打开的书籍，里面可以记载丰富的资料（包括动画、视频、图片）。外形犹如一本打开的书，在参观者面前呈现一本等离子电视方式或以投影机投影成像方式的虚拟书，参观者只需站在展台前面，用手在空中可以挥动手臂做出翻书的动作，电子书就会随着手臂的左右挥动进行前后的翻页，同时也可以触摸投影画面上设置的书签进行查询浏览，就像翻阅一本普通的杂志一样。书中包括有文字、图片、声音、图像、视频等多媒体信息。展厅可以将展馆的介绍和珍贵照片放入其中，供参观者浏览。

1.虚拟翻书的特点

① 高科技感，由于没有接触任何东西，就实现了电子书的左右翻页，让参与者感觉十分好奇，都愿意参与其中。

② 内容丰富，展示形式新颖，视觉冲击力强。可以展示图片，视频，可以配同步播音解说；传统的书本、平面广告无法实现音频、视频内容的展示，而虚拟翻书可以把音频、视频内容融合在虚拟翻书内容中，大大加强了展示效果和内容吸引力。

③ 占地少，整套虚拟翻书系统也就占2m²的位置，所收录的信息可以超出普通的书籍，大大节省展台面积。

④ 内容可以“无限”的自主增加，展示的信息量大、储藏丰富，且可以自由更换内容；而配置的高容量硬盘空间，基本上可以实现“无限”的增加展示内容。

2.虚拟翻书工作原理

虚拟翻书是投影机将画面投射到一本书的模型上，观众能看到一本书打开的样子，然后利用红外感应技术以及计算机多媒体技术实现的一种虚拟翻书的视觉效果。它首先获取参观者的动作传输给计算机进行处理，计算机内的应用程序则根据所捕捉的信号驱动多媒体动画进行翻书的效果表现。其核心技术包括“影像动作识别技术”、“感应识别技术”等图形图像技术。

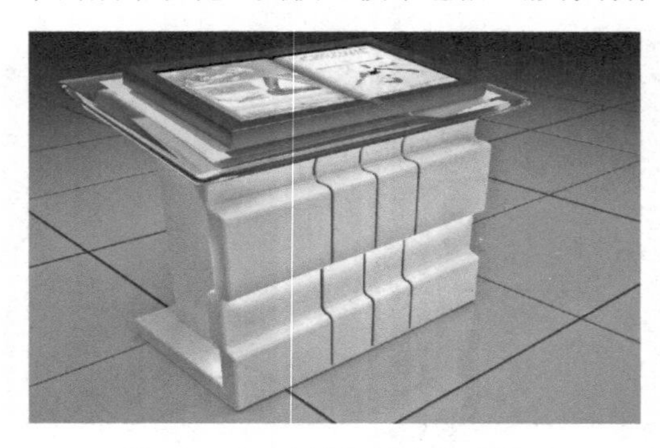

图11-15 虚拟翻书的应用效果

3.虚拟翻书系统组成

① 主要材料：投影机、光电感应器、虚拟翻书软件、控制计算机、书本模型。

② 辅助材料：投影机吊架、VGA信号线材、插座等。

4.虚拟翻书的应用

虚拟翻书系统应用领域极为广泛，如博物馆、展览馆、临时展览、各类展厅等，或者是一些服务行业的自助型宣传广告、企业介绍等（见图11-15）。

二、多点触控系统

多点触控（又称多重触控、多点感应、多重感应，英译为Mult-itouch或Multi-touch）是一项由电脑使用者透过数只手指达至图像应用控制的输入技术，是采用人机交互技术与硬件设备共同实现的技术，能在没有传统输入设备（如鼠标、键盘等）的情况下进行计算机的人机交互操作。简单地说就是让我们的手指去代替鼠标和键盘，我们可以直接通过手指在各类电子产品的屏幕上发出指令，对计算机进行更灵活的运用操作。

1.多点触控系统的特点

① 多点触控是在同一显示界面上的多点或多用户的交互操作模式，摒弃了键盘、鼠标的单点操作方式。

② 用户可通过双手进行单点触摸，也可以以单击、双击、平移、按压、滚动以及旋转等不同手势触摸屏幕，实现随心所欲地操控，从而更好更全面地了解对象的相关特征（文字、录像、图片、卫片、三维模拟等信息）。

③ 可根据客户需求，订制相应的触控板，触摸软件以及多媒体系统；可以与专业图形软件配合使用。

2.多点触控系统工作原理

传统触摸屏的本质是传感器，它由触摸检测部件和触摸屏控制器组成，常见的传感器包括电阻式和电容式触摸屏。而基于光学感应的多点触摸系统是用户通过触摸投影屏幕表面，影响光学感应成像设备的输入结果，成像设备将成像结果输入软件系统进行处理，一般经过3个步骤，首先是对原始输入图像进行包括矫正、滤波等预处理，然后通过光斑跟踪引擎对触点进行跟踪，并将其解释为各种输入状态，最后将输入位置、状态等信息发送给上层应用程序。应用程序处理结果最终被投射到显示屏幕表面上，从而与用户产生真正的所见即所得的交互效果。根据不同的光学感应原理，目前常见的多点触摸实现方式包括FTIR（受抑全内反射）、DI、LLP等技术。

3.多点触控系统组成

投影机、广角镜、反射镜、多点采集系统、投影桌、控制主机、多点触控软件系统、定制内容制作及其他辅助材料。

4.多点触控系统的应用

（1）展览馆、博物馆、企业展厅、写字楼、俱乐部会所等信息展示场所（见图11-16）。

（2）KTV、酒吧、餐厅等商业娱乐场所。

（3）售楼中心、商场、旅行社、婚纱店等营业终端。

（4）地铁、火车站、机场等公共信息查询场所。

（5）设计师工作场所。

图11-16　多点触控系统的应用效果

三、电子签名簿

新一代多媒体留言册，是一个集成了先进的手写数字技术和多媒体软件技术于一体的高科技产品，来访者可以在显示屏幕上进行自由的板书，发表参观感言、提出宝贵意见、留下珍贵纪念。游客板书内容由多媒体留言板以录屏模式记录存储，使游客写画在手写屏上的任何文字、图形或插入的任何图片都可以被保存至硬盘存储设备，并可供馆方服务人员和其他游客查询、浏览。

1.电子签名簿的特点

① 电子签名更加环保、更节能快捷。传统的纸质签名需要大量的纸张，而电子签名是通过密码术对电子文档的电子形式的签名并非是书写，更加节省时间，提高工作效率。

② 电子签名更加安全可靠。《中华人民共和国电子签名法》自生效以来，可靠的电子签名与手写签名或者盖章具有了同等的法律效力。电子文件上签名时采用私钥对电子文件及其一起存储的电子文件消息摘要数据进行加密，确保签章的文档分发安全可靠。

③ 多重功能扩展。产品线丰富，满足用户更多业务需求扩展和实现，支持多国、多民族语言应用，二次开发接口丰富，满足用户系统扩展需求。

④ 人性化操作享受。印章、签名双重功能，满足各种应用需求；支持联合签章功能，全部清晰可辨；支持单密钥盘存储多印章，节省成本；操作界面简明易懂、安装使用轻松快捷。

2.电子签名工作原理

电子签名的应用过程是，数据源发送方使用自己的私钥对数据校验和或其他与数据内容有关的变量进行加密处理，完成对数据的合法“签名”，数据接收方则利用对方的公钥来解读收到的“数字签名”，然后用HASH函数对收到的原文产生一个摘要信息，与解密的摘要信息对比。如果相同，则说明收到的信息是完整的，在传输过程中没有被修改，否则说明信息被修改过，因此数字签名能够验证信息的完整性。

图11-17　电子签名的应用效果

数字签名是个加密的过程，数字签名验证是个解密的过程，并将解读结果用于对数据完整性的检验，以确认签名的合法性。

3. 电子签名的系统组成

触摸屏、支撑底座、控制主机、留言软件系统及其他辅助材料。

4. 电子签名的应用

① 一般用于现代博物馆、校史馆、廉政展厅、纪念馆的签名留言部分（见图11-17）。

② 用于网上银行、电子商务、电子政务、网络通信的信用签名内容等。

四、互动投影系统

“一汪清水，碧波粼粼，水草含羞，鱼儿漫游，水声轻盈……”这不是在描写田原秋夜，一切景象就在眼前，当游客步入水池，涟漪随脚步荡起化开，鱼儿像受了惊吓，顿然散开，再次走动，涟漪再次随脚步泛起而荡开、扩散，一切恰似“踏浪”、恰似金老笔下“凌波微步”的武学胜景。墙面虚拟的天空中有一只雄鹰在翱翔，而当有人靠近时，高傲的鹰儿将一飞冲天，消失在人们的视野当中...这些景象就是近期多媒体公司开发的互动投影系统，是参与者和投射在地面、墙面及台面上的影像的真实互动。

互动投影系统（地面互动、墙面互动、互动投影）技术为混合虚拟现实技术与动感捕捉技术，是虚拟现实技术的进一步发展。虚拟现实是通过计算机产生三维影像，提供给用户一个三维的空间并与之互动的一种技术。通过混合现实，用户在操控虚拟影像的同时也能接触真实环境，从而增强了感官性。

1. 互动投影系统的特点

① 吸引展览人流。在会展中新奇的互动效果必然会吸引和引导人流的参观，同时好的设计和艺术效果为博物馆增加互动气氛。

② 可以辅助导引方向。比如用于智能的博物馆指引、查询系统，比起以往传统的指示牌查询屏更加人性化。

③ 非接触式的交流，减少了因人流接触而产生细菌传染。

④ 新媒体艺术可以做成实时互动的广告形式，让游客与宣传内容互动，增加了博物馆的知名度，加深了游客对博物馆的印象，博物馆得到宣传的同时娱乐了观众，提升了经济效益。

2. 互动投影系统的工作原理

互动投影系统的运作原理首先是通过捕捉设备（感应器）对目标影像（如参与者）进行捕捉拍摄，然后由影像分析系统进行分析，从而产生被捕捉物体的动作，该动作数据结合实时影像互动系统，使参与者与屏幕之间产生紧密结合的互动效果。

3. 互动投影系统的系统组成

互动投影系统主要由信号采集、信号处理、成像部分以及辅助设备四大部分组成。

① 信号采集，根据互动需求进行捕捉拍摄，捕捉设备有红外感应器、视频摄录机、热力拍摄器等。

② 信号处理，该部分把实时采集的数据进行分析，所产生的数据与虚拟场景系统对接。

③ 成像部分，利用投影机或其他显像设备把影像呈现在特定的位置，显像设备除了投影机外，等离子显示器、液晶显示器、LED屏幕都可以作为互动影像的载体。

④ 辅助设备，如传输线路、安装构件、音响装置等。

4. 互动投影系统的种类

（1）地面互动投影

地面互动投影可以将任意一块平淡无奇的地板区域变成令人兴奋的实时交互的神奇之地。该地面投影交互系统独有的一体化设计，易于搭建和控制，使用简便快捷，同时可以根据每个特定客户的需要定制交互区域的面积和形状（见图11-18）。

（2）墙面互动投影

与传统的触摸屏相比，墙面互动投影系统突破传统触摸屏的尺寸限制，可以采用多个投影系统组合的方式，扩展到任意尺寸。同时，互动投影系列可以支持多人同时交互而彼此之间互不影响（见图11-19）。

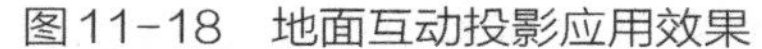

图11-18 地面互动投影应用效果

图11-19 墙面互动投影应用效果

（3）背投互动投影

背投互动投影可以将任何透明表面变成一个神奇的可互动平面。

该产品采用了精确点击和运动检测技术，其互动形式为接触或非接触式，可互动的热区不仅是固定位置的，还可以在图像上随机运动，这种运动的交互点能够吸引观众参与到这种新型的交互体验中来（见图11-20）。

（4）桌面互动投影

该投影系统能使桌面立刻生动起来，变成一个多媒体娱乐中心和信息资讯平台，图文并茂，形式新颖。只需轻轻点击，就能给观赏者绝对不一样的信息体验和时尚感觉！与传统触摸屏不同的是，影动桌面互动投影具有小体积、大面积的独特优势，同时可以支持多人参与互动，互相不影响，大大提高了用户的查阅速度和对媒体资源的利用效果（见图11-21）。

图11-20　背投互动投影应用效果

图11-21　桌面互动投影应用效果

4.互动投影系统的应用

① 会展现场：大型庆典、交易会、展览会、产品推介会等；

② 展馆现场：校史馆、博物馆、展览馆、廉政教育中心等；

③ 消费终端：中心商城、连锁大卖场、品牌旗舰店互动；

④ 娱乐场所：动漫城、娱乐城、电影院、夜总会等。

第四节　幻影成像类设备

一、幻影成像系统

幻影成像系统是基于“实物模型”和“立体幻影”的光学成像结合，利用多机多方位摄像技术及人眼视觉心理特性，获得“立体幻影”与实物模型结合及相互作用的逼真的视觉效果。再配上三维声音、灯光、气味、烟雾、模型活动部分（如门、窗等单个设备移动或场景的整体切换）等，使该技术更加惟妙惟肖。

幻影成像是基于全息科技的成像技术，将物体的全息影像投射到透明介质上，产生3D立体观感，提升视觉效果。幻影成像系统一般会根据展示需求，定制展示主题相关的剧本，拍摄并结合后期特效，结合声、光、电等特殊效果，展现绘声绘色虚幻莫测，且新颖直观的展示效果。

1.幻影成像的特点

① 时尚美观，以高新科技展示产品，四面透明，真正的360°空间成像表现；

② 色彩鲜艳，有空间感、透视感，形成空中幻象；

③ 结合实物模型，实现影像与实物的奇特融合；

④ 互动展示，现场参观者可通过各种手势动作，操纵3D模型的旋转、部件分解，既形象又深入地了解展示的产品性能；

⑤ 配合虚拟合成技术，可以将现场产品推介主讲人、模特，甚至参观者等直接抠像合成到幻影成像展示系统中，实现展品与观众的互动而更具吸引力。

2.幻影成像的工作原理

这种柜体式幻影成像，主要利用一种分光镜成像原理，将同一个物体在四个不同角度上的画面整合在布景箱中，使之成为一个360°的影像。这个影像可以是静态，也可以是动态，甚至可以是一段动画，具备强烈的纵深感，视觉效果甚佳。

3.幻影成像的系统组成

① 主体模型场景及背景油画：以光学原理为基础，通常会设置多个场景，通过计算机控制场景的切换。

② 光学成像系统：通过后期3D影视的特效制作融合现场场景，使立体影像与周围的人造景观背景有比较“真实”的结合。

③ 终端播放设备：全场设立多台摄像投影机，并且全部同步播放，全部采用数字化高清通道，并且支持单通道高分辨率播放。

④ 计算机智能控制系统：现场多由设备与电脑相连接，通过计算机控制来实现现场场景的自动切换和影片续放以及灯光、座椅等效果，现场环境全部采用计算机智能控制，实现全部设备的同步。

⑤ 灯光、音响设备：通过灯光和声音来渲染现场的气氛。

4.幻影成像的应用

幻影成像可以揭示一个现象、演示一个规律、解释一个科学原理、讲解一段故事、树立企业形象、介绍一种产品、分析数据曲线，以及一些危险环境下的不适宜人进入的场景等（见图11-22）。

适合展示的场合：如城市规划展示馆、图书馆、博物馆、科技馆、档案馆、娱乐厅、展览会、博览会等。

图11-22 幻影成像的应用效果

二、魔幻剧场

魔幻剧场充分利用“幻影成像”技术，并集合了数码影像制作、舞台光学系统、计算机控制系统，实现了令人瞠目结舌的舞台效果。节目通过光学反射原理，经过精心调试，向观众展现了神奇的魔术效果，比如演员凭空出现和消失，烟火变化的小鸟落在演员的手上等，不仅实现了影像与舞台演员的共同表演效果，而且还利用光学影像，实现根据展示内容定制的特效光影画面，其神奇的效果将让观众大开眼界。

1.魔幻剧场的特点

① 真实的演员与虚拟人物的完美配合，能实现普通表演无法达到的展示效果；

② 节目虽然使用了多种技术手段，但是视觉效果十分统一，色彩、光线配合和谐，画面美观、赏心悦目；

③ 舞台灯光运用十分丰富，特别是配合烟火的灯光有闪电、星光、篝火的跳跃，有烟雾升腾，变化丰富的灯光效果，为整个节目增色添彩。

2.魔幻剧场工作原理

魔幻剧场由排队区、预演厅、剧场几个部分的建筑空间组成。该项目利用空间成像技术，亦幻亦真。焰就是利用“幻影成像”技术在篝火上方形成，它悬空成像，虚幻物体飘浮在空中，独有空灵的感受。魔幻剧场充分利用“幻影成像”技术，并集合了数码影像制作、舞台光学系统、计算机控制系统，实现了令人瞠目结舌的舞台效果。节目使用了两套舞台，然后通过光学反射原理，经过精心调试，向观众展现了神奇的魔术效果，比如演员凭空出现和消失，烟火变化的小鸟落在演员的手上，不仅实现了影像与舞台演员的共同表演效果，而且还利用光学影像实现舞台演员的出现和消失，神奇的效果将让观众大开眼界。

图11-23 魔幻剧场的应用效果

3.魔幻剧场系统组成

舞台场景搭建、造型灯光系统、光学成像系统、投影机、精制投影幕、计算机多媒体播放系统、音响系统、特殊节目拍摄制作及其他辅助材料。

4.魔幻剧场的应用

魔幻剧场是有真人表演的大型表演剧场，适合表现各种超现实题材，如神话、传说、推论、科幻、历史再现、宏观事物、微观事物等等适合在科技馆、博物馆、陈列馆、主题公园等场所应用（见图11-23）。

三、侧悬浮成像系统

悬浮于空中的器物在缓缓地转动，围在周围的参观者想尝试抓住它，但伸出手，却什么也抓不到。原来人们看到的悬浮物品，只是影像而已，并不是真正的实物。

该技术是近年来在国际上兴起的一种新型展示技术，该技术可以使立体影像不借助任何屏幕或介质而直接悬浮在设备外的自由空间，观众可以不佩戴任何辅助工具（如立体眼镜、V-R头盔等）直接用裸眼观看立体影像，由于影像的清晰度及色彩还真度高，立体感强，因此非常逼真，可以给观众以新奇、玄妙的视觉冲击，激发观众的探究欲，并可以起到聚集现场人气、加深参观者印象、提高被展示物知名度的作用。

1.侧悬浮成像系统的特点

① 侧悬浮幻像的成像尺寸目前可达到1700mm，图像可大可小，可远可近，图像分辨率1920px*1020px，优于目前的电视机的清晰度。

② 侧悬浮幻像的视角可根据客户要求在一定范围内选择，图像位于窗口可在0～2000mm之间调整。

③ 侧悬浮幻像在空中成像稳定无畸变，图像随视线晃动无变化。

④ 侧悬浮幻像的光学系统和声光电控制系统可采用计算机的自动控制，还可以单机或多机同时演示。

2.侧悬浮成像系统的工作原理

侧悬浮成像系统，是利用光学成像、声光电控制、多媒体制作等高新技术来展示文物古迹、珍品宝物、新产品等的最新展示系统。系统可把展示物品以真彩色三维影像逼真地在空中成像，在普通的光照环境下清晰可见。

该系统是通过在成像箱体内底部安装的投影仪垂直向上投影画面，在投影幕上成像，形成四个成像源，被四块半透反射镜镜面反射，形成四面虚拟成像系统。这种360°四面虚拟成像又称为全息成像，可将动态影像悬浮于四面虚拟成像系统的中心部位，让观众从四周任意位置观察到悬浮的立体影像。

3. 侧悬浮成像系统的组成

展示箱体结构、分光镜、高亮液晶显示播放器、展品3D影像文件、控制主机及其他辅助材料。

实物展示扩展部件：高清摄像头、抠像布幕、虚拟融合器、电动旋转台/红外摄像头、影像捕捉卡、影像识别软件等。

4. 侧悬浮成像系统的应用

应用范围：在展览展示、促销活动、新闻发布、博物陈列、珠宝卖场、手表专卖店、广告媒体等行业都可以得到广泛的应用（见图11-24）。

图11-24　侧悬浮成像系统的应用效果

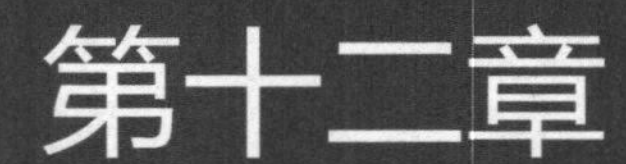

第十二章 会展工程广告美工材料

在会展工程中，美工材料是指搭建商搭建完成主体造型后的美工字、广告画面等一系列视觉传达的广告材料，由于其材料及制作的特殊性，往往分别由不同的制作、施工人员来完成，会展界习惯于称为美工部分。

第一节　美工字材料

会展工程的美工字包括参展商的标志、标准字、宣传口号等企业形象基础部分的立体视觉传达材料，这些材料在材料类别上可以归为前面所介绍的木制、塑料、金属等材料，但是在材料经销方面，由于这些材料使用的范围专业性很强，往往会集中于美工、广告材料商行，使这类材料在专业领域形成了自己的固有分类。

一、KT板

KT板是一种由PS颗粒经过发泡生成板芯，经过表面覆膜压合而成的一种新型材料，板体挺括、轻盈、不易变质、易于加工，并可直接在板上丝网印刷（丝印板）、油漆（需要检测油漆适应性）、裱覆背胶画面及喷绘，广泛用于广告展示促销、建筑装饰、文化艺术及包装等方面。在广告方面的用途，一是用于产品宣传信息发布的展览、展示及通告用装裱衬板，另外就是被大量应用于丝网一次印刷，特别适合用于大范围统一宣传活动的开展。

KT板从目前比较成熟的生产工艺可分为冷复合与热复合，这两种不同工艺生产出来的产品，我们对应地称之为（冷复合板）冷板和（热复合板）热板。

1.冷板

首先是板芯发泡：原材料是PS颗粒，但是由于冷板大都是单层板芯，所以要进行双次发泡，第一次发泡厚度一般为3.5mm左右，熟化半个月后，再进行第二次发泡，把芯放到设备上发泡到5.0～5.2mm左右，第二次发泡后就可以直接涂胶贴合。

然后粘贴面皮。面皮的基材是PVC，一般为0.08～0.1mm，0.9m×2.4m的小板现大多用

0.08～0.1mm的面皮，1.2m×2.4m的大板一般用0.16mm的面皮来加强板的挺度，由于面是PVC，芯是PS材料，所以选择的一定要是中性胶水，胶水在面皮和板芯同时涂胶相互粘贴，粘贴要经平板液压机（10t以上）挤压，24h以上方可取出切边、修整、包装、出货。

起泡：面皮与板芯起泡，原因分析如下。

① 板芯熟化期太短。

② 中性胶水有问题或是涂胶有失误。

③ 成板后有太阳直射或紫外线照射。常见的起泡是由于面皮过薄，经太阳直射后起泡，写真画面与面皮极少有起泡，从理论上分析极不易起泡。

2.热板

① 通过设备把PS颗粒发泡成2.5～3.0mm板芯（一次发泡），此时的板芯是卷材，一般为500m，此时的板芯要在常温下存放半个月（熟化期），使板芯的一些废气排放出去。

② 贴面。在设备同时放上两大卷已拉伸好的PS面皮和两大卷熟化好的板芯，通过设备的模具使它们相互融合贴在一起，形成整板。面皮的厚度大约在0.01m。

③ 整包。把贴好面的板放在设备上后就裁成2.4m长，裁下后再进行修边，整成0.9m×2.4m的整板打包出厂。

3. KT板使用中的问题分析

（1）起泡表现　指写真画面贴在KT板上，不用几天，画面开始起拱，形成水泡状。

（2）形成的原因

① 板芯的熟化期短。

② 表面的PS面太薄。

③ 画面背胶的胶水与PS面有反应（有一些胶水有此类情况）。

（3）形成的过程　由于板芯的熟化期远不止半个月，半个月只是相对的，更何况几乎所有的厂家只存放几天，根本不会到半个月，此时的板芯还一直在进行化学反应，会产生很多气体，加之表面的PS面太薄，根本无法挡住气体向外挥发。而画面虽经表膜机覆压看似平整，其实仍有气体未排完，此时在原有气体的地方后面又有板芯的挥发气体就形成泡。

图12-1　KT板种类样品图例

4.问题解决方式

① 尽量使用知名品牌及板芯的熟化期长的产品。

② 成品尽量避免阳光直接照射。

③ 加工规范，尽量使用机械装裱（见图12-1）。

二、即时贴

即时贴也叫自粘标签材料，是以纸张、薄膜或特种材料为面料，背面涂有胶黏剂，以涂硅保护纸为底纸的一种复合材料。由于涂布技术有多种，致使即时贴料有不同的档次，目前的发展方向是由传统的辊式涂布、刮刀涂布向高压流延涂布方向发展，以最大限度地保证涂布的均匀感性，避免气泡和针眼的产生，保证涂布质量，而流延涂布在国内技术还未成熟，国内主要采用的是传统辊式涂布。

即时贴贴纸分类如下。

（1）使用面材　模造纸（wood free paper）、铜版纸（art paper）（遮光/镜面）、透明PVC、静电PVC、聚酯PET、镭射纸、耐温纸、PP、PC、牛皮纸、荧光纸、感热纸、铜丝布、银丝布、镀金纸、镀银纸、合成纸（CPC/PP/HYL/优韧纸/珠光纸）、铝箔纸、易碎（防伪）纸、美纹纸、布标（泰维克/尼龙）、珍珠布、夹心铜版纸、热敏纸。

（2）使用膜类　透明PET、半透明PET、透明OPP、半透明OPP、透明PVC、有光白PVC、无光白PVC、合成纸、有光金（银）聚酯、无光金（银）聚酯。

（3）使用胶型　通用超黏型、通用强黏型、冷藏食品强黏型、通用再揭开型、纤维再揭开型。

（4）使用底纸　白、蓝、黄格拉辛纸（glassine）[或蒜皮纸（onion）]、牛皮纸、聚酯PET铜版纸、聚乙烯（polyethylene）纸。

图12-2　各类即时贴图例

最早的即时贴产生在美国3M公司的一位化学家手里。1964年，当时，他研究各种胶黏剂配方时，配制出了一种具有较大黏性，但却不易固化的新品类黏胶。用它来粘贴东西，即使过了很长时间也能轻易地揭剥下来。当时，人们认为这种黏胶不会有很大作用，所以没有重视。到了1973年，3M公司的一个胶布新品开发小组，把这种胶涂在常用商标的背面，再在胶液上粘上一张涂了微量蜡的纸片。这样，全球第一张商标纸就诞生了。于是，不干胶的作用陆续被人们发现，不干胶的使用人群越来越多（见图12-2）。

三、芙蓉板

芙蓉板是一种新型的化工材料，是以聚乙烯为主要原料，添加各种助剂，经化学架桥发泡而成，单面复合PVC板，芙蓉板表面光滑平整且有一定的硬度。

1. 芙蓉板的特点

① 不吸水，不分解，不腐烂，亦不受雨水和潮湿影响。

② 抗老化，抗紫外线照射；耐油，耐酸，耐碱和其他有机化学成分腐蚀。

③ 吸声，隔声，隔热保温。

④ 芙蓉板质地轻，易储运、加工、切割、雕刻。

2. 使用范围

在会展行业，芙蓉板主要用于电脑雕刻、丝网印刷、广告标牌、展板、标志用板等。芙蓉板用于雕刻的主要优点是能体现立体效果，雕刻后的图案喷上彩色油漆，效果好，且价格较普通的PVC板便宜得多（见图12-3）。

图12-3　芙蓉板美工字图例

四、雪弗板

雪弗板又称为PVC发泡板（PVC expansion sheet）和安迪板。以聚氯乙烯为主要原料，加入发泡剂、阻燃剂、抗老化剂，采用专用设备挤压成型。广泛用于建筑、车船制造、家具、装饰、装修、广告制作、展览标牌、市容环保、旅游等行业。通过雕刻机或手工制作广告字，厚度一般0.3 ～ 2cm。常见的生产方式有两种：一种是结皮发泡，表面结一层硬皮，光滑平整；另一种是自由发泡，表面没有结皮，表面成细密凹凸状（麻面）。常见的颜色为白色和黑色。

雪弗板可与木材相媲美，且可锯、可刨、可钉、可粘，还具有不变形、不开裂、不需刷漆（有多种颜色）等特殊功能；而低发泡板材可以焊接、油墨印刷且也可用锯、钻、铣削等方法进行机械加工。

1. PVC发泡板用途分类

会展广告业：网版印刷、电脑刻字、广告标牌、展板、标志用板。

交通运输业：轮船、飞机、客车、火车车厢、顶篷、厢体芯层、内部装潢用板。

建筑装潢业：建筑物外墙板、内装饰用板、住宅、办公室、公共场所建筑物隔间、商用装饰架、无尘室用板、吊顶板、家庭橱柜、吊柜和家居。

工业应用：化工业防腐工程、热成型件、冷库用板、特殊保冷工程、环保用板。

其他用途：模板、运动器材、养殖用材、海滨防潮设施、耐水用材、美工材料、各种轻便隔板。

2.产品特性、加工性能

① PVC发泡板材，具有隔声、吸声、隔热、保温等性能。

② PVC发泡板板质具有阻燃性，能不顾虑火灾隐患，可以安全使用。

③ PVC发泡板各系列产品都有防潮、防霉、不吸水的性能，而且防震效果好。

④ PVC发泡板各系列产品经耐候配方制成后，其色泽可长久不变，不易老化。

⑤ PVC发泡板质地轻，储运、施工方便。

⑥ PVC发泡板使用一般木材加工工具即可施工。

⑦ PVC发泡板可像木材一样进行钻、锯、钉、刨、粘等加工。

⑧ PVC发泡板可适用于热成型、加热弯曲及折叠加工。

⑨ PVC发泡板可根据一般焊接程序焊接，亦可与其他PVC材料粘接。

⑩ PVC发泡板其表面光滑，易印刷（见图12-4）。

图12-4 PVC发泡板在会展中的应用案例

3. 常用美工材料参考价格

见表12-1。

表12-1 常用美工材料参考价格（含制作安装费）

项目	材料	常用规格	市场参考价格	计价单位
不干胶刻字	及时贴平面字	200～600mm	90.00元/m^2	m^2
立体字1	KT板	5mm厚	90.00～120.00元/延米	m
立体字2	苯板	30mm厚	100.00～150.00元/延米	m
立体字3	苯板	50mm厚	150.00～180.00元/延米	m
立体字4	苯板	100mm厚	200.00～220.00元/延米	m
条幅	PVC	预定	80.00元/m^2	m^2
灯箱字	立体（中文）	预定	600.00元/m^2	m^2
喷绘/写真1	高光相纸（覆膜）	720点	60.00元/m^2	m^2
喷绘/写真2	写真高光相纸+覆膜+背胶	720点	65.00元/m^2	m^2
喷绘/写真3	高光相纸+覆膜+背胶+裱板加框	720点	80.00元/m^2	m^2
喷绘/写真4	高光相纸+覆膜+挂轴	720点	80.00元/m^2	m^2
喷绘/写真5	灯箱片	720点	80.00元/m^2	m^2
保丽布喷绘	保丽布	720点	45.00/m^2	m^2
灯箱布喷绘	灯箱布	1440点	50.00/m^2	m^2
户外灯箱	外打灯（制作+安装+喷绘）	预定	440.00/m^2	m^2
灯箱（内打灯）	制作+安装+灯箱+灯	预定	750.00/m^2	m^2

第二节 宣传画面材料

在会展工程中，宣传画面是企业宣传的重要载体，几乎每一个展位都设计、布置了数量充足的各类宣传画面，以期对观展者留下深刻的印象，起到一定的宣传效果。宣传画面的材料丰富多样，了解这些材料的种类、性能、价格等因素，对会展工程的材料选用、成本预算、客户沟通等诸多方面有很好的借鉴意义。

一、写真材料

种类很多，常用的有背胶PP纸、高光相纸、冷裱膜、背胶写真PVC、防水背胶PP、背喷灯片、透明片、背胶透明片、写真布、棉画布、白画布、银雕布、珍珠布、油画布等各种写真耗材。

常用材料有以下几类。

1. 背胶防水PP合成纸

① 产品特性　采用优质南亚PP为基材，支持高精度复制输出，打印兼容性强，色彩鲜艳，图像解析度高，与颜料型墨水配合抗紫外线、抗老化性能强。

② 应用范围　强化玻璃，艺术写真，影楼人像制作，影楼背景，广告演示图，商业与民用室内装潢，商业文件封面，横幅、挂幅，酒店装饰，家庭装饰，高档挂轴挂历，婚庆，商业庆典背景，滚动灯箱，影楼写真背景，大型庆典背景，电台背景等。

③ 适用机型　Epson、Mimaki、Colorspan、Roland、HP、Encad、Canon、LexMark、Mutoh

等各类写真机及各类台式打印机。

④ 产品规格 0.61/0.914/1.07/1.27/1.52m×50m（见图12-5）。

2.高光相纸

高光相纸的种类、品牌很多，由相纸原纸、防水吸墨层和防水高光层组成，适用于染料（Dye）墨水。能满足一切高精度的数码图文输出需求，比传统银盐感光照片和RC相纸性价比更高。并且因为不涂塑，利于回收，是一种更具时代精神的新一代环保型相纸。

图12-5 PP合成纸图例

（1）高光相纸的基本特点

① 最高达到5760dpi打印精度。有极高的清晰度，细小文字清晰可见。

② 采用优质涂层与纸基，涂层细腻平滑，亮度高，纸张平整、亮白、挺括，易于走纸。

③ 密度高，色域宽，色彩与细节表现极佳，能达到媲美传统卤化银照片的打印效果。

④ 防水性能极佳，在水中浸泡几十个小时，也不会掉墨、溶墨。

⑤ 瞬间吸墨，即打即干。墨水绝不渗透到纸张背面。

⑥ 适用于各款彩色喷墨打印机。

⑦ 适用于原装和兼容染料（Dye）墨水。

（2）高光相纸使用注意事项

① 使用时请勿折叠或损伤表面。

② 因为打印机以及各种软件的不同，在打印浓度和色泽上也会产生差异。请根据打印机的说明书调节选择喜好的颜色进行打印。

③ 建议在专业看图软件或制图软件中打印，在打印选项中质量选项栏选择“优质照片”—打印纸选项栏里—类型—选择“高质量光泽照片纸”。

④ 请不要用湿的手接触打印图像的表面，也不要在打印图上用过强的荧光笔涂色，以免引起图像的褪色或变色现象。

⑤ 对于暂时不用的纸张要放回包装袋内保存，避免把纸张放在高温、潮湿和阳光直射的地方。

⑥ 开封后尽量及时用完。

⑦ 使用环境：15～25℃（60～75F），相对湿度20%～80%，无结露。

⑧ 储放条件（原包装）：10～50℃（50～120F），相对湿度10%～80%，无结露。

3.透明片/背胶透明片

透明片是使用透明PET为底材，一般厚度为0.12mm，产品涂布透明吸墨涂层，视觉透明，硬挺、有弹性、耐高温，打印画面有透明的特别效果。低温经背胶加工，画面可以张贴展示。背胶PVC透明片，是以透明PVC为底材，经背胶加工，涂布透明涂层制成，材质柔软，可反复粘贴。

（1）产品种类

按规格分：◎ 75#；100#/◎ 0.914m×30m/◎ 1.27m×30m。

（2）适用机型　适用机型有NOVAJET系列、HP系列、ROLAND系列、MUTHO系列、MIMAKI系列、EPSON系列等宽幅打印机。

（3）使用范围　用于幻灯片、灯箱或玻璃门、橱窗等透明招贴物上张贴展示（见图12-6）。

4.冷裱膜

冷裱膜（cold lamination film）是用透明PVC经背胶加工制成，按膜面的纹理可分为光膜、亚膜、磨砂膜、星幻膜、镭射膜和特殊纹理的保护膜，在广告制作中大量使用的是光膜、亚膜、磨砂膜。冷裱膜用手工或者冷裱机等裱覆在写真打印的画面上后，避免了画面（打印面）被划伤、污染或淋湿，起到了保护画面的作用。

冷裱膜能使相片图像具有高度防腐性及抗紫外线的侵蚀，历久常新，永不褪色，不变黄，更能增加强烈的立体感，产生意想不到的效果。可广泛用于婚纱照、油画制作、字画、户外海报、广告、各类图片、文件、资料等方面。现可提供20多个型号、各种花纹、光/亚面及镭射系列等产品。应用于较大型广告宣传、建筑装潢效果图、背景装饰等，使用冷裱膜覆膜保护效果更佳。

目前广告上用量最大的是光膜和亚膜。质量口碑比较好的品牌有：广州默克、佛山丽宝、威诗柏等（见图12-7）。

图12-6　背胶透明片图例

图12-7　冷裱膜图例

二、喷绘材料

喷绘与写真的图像输出要求喷绘一般是指户外广告画面输出，它输出的画面很大，如高速公路旁众多的广告牌画面就是喷绘机输出的结果。输出机型有：NRU SALSA 3200、彩神3200等，一般是3.2m的最大幅宽。喷绘机使用的介质一般都是广告布（俗称灯箱布），墨水使用油性墨水，喷绘公司为保证画面的持久性，一般画面色彩比显示器上的颜色要深一点。它实际输出的图像分辨率一般只需要30～45DPI（设备分辨率），画面实际尺寸比较大的，有上百平方米的面积。

写真一般是指户内使用的，它输出的画面一般就只有几个平方米大小。如在展览会上厂家使用的广告小画面。输出机型如：HP5000，一般是1.5m的最大幅宽。写真机使用的介质一般是PP纸、灯片，墨水使用水性墨水。在输出图像完毕后还要覆膜、裱板才算成品，输出分辨率可以达到300～1200DPI（依据机型不同会有不同），它的色彩比较饱和、清晰。

1.广告布（俗称灯箱布、喷绘布）

灯箱布是由PVC材料和网状导光纤维组合而成，具有柔韧性好，透光均匀，便于分割、拼接、托运，户外安装简单等特性，特别适合彩色喷绘。根据户外使用的要求，灯箱布可达到防水、抗霉变、阻燃、抗寒热、抗紫外线等功效。由于灯箱布的抗台风能力较强，因此，特别适合制作大型户外广告招牌。目前，我国市场95%的大型彩色喷绘灯箱画面皆选用灯箱布作为底材。

灯箱布按透光率和光源的位置分为后打光灯箱布、前打光灯箱布和网格布三种。

后打光灯箱布用来制作后置光源灯箱，其透光率一般在25%～35%之间。此类灯箱以中、小型偏多，多用来制作路边灯箱、商店门头灯箱和室内宣传灯箱。一般面积较小，不超过$100m^2$。

前打光灯箱布用来制作前置光源灯箱，其透光率一般在5%～10%之间。此类灯箱布由于抗台风能力更强，所以多用来制作大型户外灯箱，如大厦广告牌、高速路旁灯箱、城市擎天柱灯箱。目前在我国，100～$400m^2$之间的大型户外灯箱多采用此类灯布。

2.网格布

网格布是按我国台湾、福建等台风气候地区设计制作的，由于此类材料表面密集排列着许多网眼，可以使风透过灯布表面，因此可以大大降低台风对灯箱的压力，使画面达到更长久的户外使用效果。由于此特征，网格布多用来制作超大型标牌广告和建筑广告。可口可乐公司用此类灯布在上海成功制作了一个达8000多平方米的画面，而德国人制造了一个“ASPIRIN”的广告，总面积超过$20000m^2$，也是用的此类材料（见图12-8）。

图12-8 网格布在会展中的应用案例

3.优质灯箱布的特性

（1）色牢度强 使用色牢度不好的灯布，画面不但会褪色，还会变色。

（2）吸墨性能良好 吸墨性能的好坏直接决定了画面色彩的饱和程度和色彩的保质期。

（3）优良的拼接性能 拼接性能差的灯布既不安全又会影响画面的整体效果。

（4）有表面自洁性 由于布吸附了大量的灰尘杂质，使得画面变得很脏，影响效果。

（5）经过防霉处理 灯布表面已经开始发霉，不但影响画面效果，还影响了观众的感受。

4.灯箱布的分类（按生产工艺）

分为三种，分别是刀刮法灯箱布、压延法灯箱布和贴合法灯箱布。

（1）刀刮法灯箱布 刀刮法灯箱布工艺是将液态PVC浆料用若干反刮刀均匀地涂于基布的正反两面，然后通过烘干工艺使其完全结合成一个整体，之后冷却成型。其特点是防渗透性、抗拉力、抗剥离能力较强。由于刀刮法产品上下是一个整体，因此使剥离现象得以杜绝，而且通过焊接可使拼接处的强度大于产品本身。目前，此种工艺的灯箱布幅宽可达到5m。由于制作工艺复杂，制作设备比较昂贵，因此，在我国市场上此类产品以进口为主，价格相对较高。最具代表性的有德国产欧特龙（ULTRALON），韩国产韩华（UNIFLEX）和比利时产希运（SIOEN）。

（2）压延法灯箱布　压延法是将PVC粉与液态增塑剂等多种原材料充分搅拌，后经高温热辊的压力作用，与基布黏合成一个整体。其特点是表面平整度较好，且透光均匀，在内打光灯布上较有优势。但受到设备的限制，幅宽一般不超过3m。美国3M公司开发的645和945两种灯箱布都是用此种工艺生产的；另外韩国LG公司开发的乐喜灯箱布也是此类工艺的代表。

（3）贴合法灯箱布　贴合法灯箱布是将上下两层成型PVC膜，通过加热，在热辊的压力下与中间的导光纤维网贴合在一起，冷却成型。此种工艺最大的特点是具备优良的喷绘吸墨性和较强的色彩表现力。因此，随着大型喷绘产业的崛起，也给此类灯箱布带来了无限的生机。目前，此类灯箱布在我国的市场占有率已超过70%。

三、喷绘和写真中有关制作和输出图像的一些简单要求

1.尺寸大小

喷绘图像尺寸大小和实际要求的画面大小是一样的，它和印刷不同，不需要留出“出血”的部分。喷绘公司一般会在输出画面时留“白边”（一般为10cm）。你可以和喷绘输出公司商定好，留多少厘米的边用来打“扣眼”。价格是按每平方米计算的，所以画面尺寸以厘米为单位就可以了。写真输出图像也不需要“出血”，按照实际大小做图即可。

2.图像分辨率要求

喷绘的图像往往是很大的，要明白“不识庐山真面目，只缘身在此山中”的道理。如果大的画面还用印刷的分辨率，那就要累死电脑了。其实喷绘图像的分辨率也没有死的标准，下面是我个人在制作不同尺寸的喷绘图像时使用的分辨率，仅供参考（图像面积单位为平方米）：$180m^2$以上（分辨率dpi：11.25），30～$180m^2$（分辨率dpi：22.5），1～$30m^2$（分辨率dpi：45）。

说明：因为现在的喷绘机多以11.25DPI、22.5DPI和45DPI为输出分辨率，故合理地使用图像分辨率可以加快作图速度，写真分辨率一般情况下用72DPI就可以了，如果图像过大（如在PHOTOSHOP新建图像显示实际尺寸时文件大小超过400M），可以适当地降低分辨率，把文件控制在400M以内即可。

3.图像模式要求

喷绘统一使用CMKY模式，禁止使用RGB模式。现在的喷绘机都是四色喷绘的，在作图的时候要按照印刷标准走，喷绘公司出图时，技术人员会调整画面颜色与印刷标准的样稿接近。写真则既可以使用CMKY模式，也可以使用RGB模式。注意在RGB中大红的值用CMKY定义，即M=100，Y=100。

4.图像黑色部分要求

喷绘和写真图像中都严禁有单一黑色值，必须添加C、M、Y色，组成混合黑。假如是大黑，可以做成C=50，M=50，Y=50，K=100。特别是在PHOTOSHOP中用软件自带的效果时，注意把黑色部分改为四色黑，否则画面上会出现黑色部分有横道的现象，影响整体效果。

第十三章
会展工程的预算

工程预算是对工程项目在未来一定时期内的收入和支出情况所做的计划。它可以通过货币形式来对工程项目的投入进行评价并反映工程的经济效果。它是加强企业管理、实行经济核算、考核工程成本、编制施工计划的依据；也是工程招投标报价和确定工程造价的主要依据。

第一节　会展工程预算的概念

会展工程预算又称会展工程造价。有两种不同的含义：第一是指会展搭建项目（单项工程）的搭建成本，就是一项搭建项目通过搭建形成相应的固定资产、无形资产所需用一次性费用的总和。这一含义是从投资者——业主的角度来定义的，从这个意义上说，工程造价就是指工程价格。即为搭建一项工程，预计或实际在场地市场、设备市场、技术劳务市场，包括搭建工程、安装工程、设备及其他相关费用的总价格。通常是把工程造价的第二种含义只认定为工程承发包价格。它是在会展市场通过招投标，由需求主体投资者和供给主体搭建商共同认可的价格。

一、会展工程预算的分类

会展工程预算可以根据不同的搭建阶段、工程对象（或范围）、结算方式等进行分类。按工程搭建阶段的不同，会展工程预算可分以下七类。

1.投资估算

投资估算是指在整个会展项目投资决策过程中，依据现有的资料和一定的方法，对拟搭建项目的投资额（包括工程造价和流动资金）进行的估计。投资估算总额是指从筹建、施工直至建成投产的全部建设费用，其包括的内容应视项目的性质和范围而定，也称为估算造价。

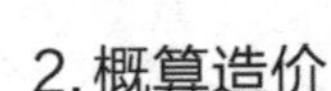

2. 概算造价

概算造价是指在会展工程初步设计阶段，主要是以初步设计图纸等有关设计资料作为依据，为确定拟搭建会展工程项目的投资额或费用而编制的一种文件。一般分为单位工程概算造价、单项工程概算造价、搭建项目概算总造价等。

3. 修正概算造价

修正概算造价是指在技术设计阶段，根据技术设计的要求，通过编制修正概算文件，预先测算和确定的工程造价。修正概算是对初步设计阶段的概算造价的修正和调整，比概算造价准确，但受概算造价控制。

4. 预算造价

预算造价指在会展方案基本确定，在施工图设计阶段，根据施工图纸通过编制预算文件，预先测定和确定的工程造价。它比概算造价或修正概算造价更为详尽和准确，但同样受前一阶段所确定的工程造价的控制。

5. 合同价

合同价是指会展工程招投标阶段通过签订总承包合同、会展项目搭建工程承包合同确定的价格，属于发包方和承包方双方在合同中规定的价格，又称合同标定价格。合同价属于市场价格范畴，但它并不等同于实际工程价格。它是由承发包双方根据有关规定或协议条款确定的用于支付给承包方按照合同要求完成工程内容的价款总额。在中国，合同价格必须遵循国家的价格法律、法规、规章和政策。

6. 结算价

结算价是指在会展工程合同实施阶段，在工程结算时按合同调价范围和调价方法，对实际发生的制作搭建、材料价差及工程量增减等进行调整后计算和确定的价格。结算价是该结算工程的实际价格。

7. 竣工决算价

竣工决算价是指在会展工程竣工决算阶段，通过为工程项目编制竣工决算，最终确定的搭建项目总造价，是搭建项目的实际工程造价。

二、会展工程预算的构成

搞好会展搭建工程预算编制，对有效地分析和控制工程造价，控制投资规模，缩短搭建的时间，提高投资效益具有重要作用。

1. 定额计价

其基本特征就是价格=定额+费用+文件规定，并作为法定性的依据强制执行，不论是工程招标编制标底还是投标报价均以此为唯一的依据，承发包双方共用一本定额和费用标准确定标底价和投标报价，一旦定额价与市场价脱节就影响计价的准确性。

定额计价按预算定额规定的分部分项子目，逐项计算工程量，套用预算定额单价确定直接费，然后按规定的取费标准确定间接费、利润和税金，加上材料调差系数和适当的不可预见费，经汇总后即为工程预算。详见工程构成表和费用表（表13-1、表13-2）。

表13-1 定额工程造价构成表

<table>
<tr><td rowspan="17">工程造价</td><td rowspan="13">直接费</td><td rowspan="3">直接工程费</td><td>人工费</td><td></td></tr>
<tr><td>材料费</td><td></td></tr>
<tr><td>机械费</td><td></td></tr>
<tr><td rowspan="10">措施费</td><td rowspan="4">施工技术措施费</td><td>大型机械进出场费</td></tr>
<tr><td>混凝土模板及支架费</td></tr>
<tr><td>脚手架费</td></tr>
<tr><td>施工排水费</td></tr>
<tr><td rowspan="6">施工组织措施费</td><td>环境保护费</td></tr>
<tr><td>安全施工费</td></tr>
<tr><td>文明施工费</td></tr>
<tr><td>临时设施费</td></tr>
<tr><td>夜间施工增加费</td></tr>
<tr><td>缩短工期增加费</td></tr>
<tr><td rowspan="2">间接费</td><td>规费</td><td colspan="2">住房公积金、社会保障费、排污费、定额测定费</td></tr>
<tr><td>管理费</td><td></td><td></td></tr>
<tr><td>税金</td><td></td><td></td><td></td></tr>
<tr><td>利润</td><td></td><td></td><td></td></tr>
</table>

表13-2 定额工程造价费用表

序号	费用名称	费用计算公式	金额
一	直接工程费	工程量×工料机单价	
1	人工费		
2	机械费		
二	施工技术措施费	工程量×工料机单价	
3	人工费		
4	机械费		
三	施工组织措施费		
5	环境保护费	（1+2+3+4）×0.1%	
6	安全施工费	（1+2+3+4）×0.3%	
7	文明施工费	（1+2+3+4）×0.9%	
8	临时设施费	（1+2+3+4）×4.5%	
四	综合费用	（1+2+3+4）×35%	
五	规费	（一+二+三+四）×4.39%	
六	税金	（一+二+三+四+五）×3.513%	
七	造价		

2. 清单计价

清单计价是表现拟搭建会展工程的分部分项工程项目、措施项目、其他项目名称和相应数量的明细清单。按照招标和施工设计图纸要求将拟建招标工程的全部项目和内容，依据统一的工程量计算规则、统一的工程量清单项目编制规则要求，计算拟搭建会展工程的分部分项实物工程量，再根据各种渠道所获得的工程造价信息和经验数据计算得到的工程造价。详见工程构成表见表13-3。

表13-3　清单工程造价构成表

<table>
<tr><th>序号</th><th colspan="2">费用项目</th><th>计算方法</th></tr>
<tr><td rowspan="3">一</td><td colspan="2">分部分项工程量清单项目费</td><td>分部分项工程量×综合单价</td></tr>
<tr><td rowspan="2">其中</td><td>1. 人工费</td><td></td></tr>
<tr><td>2. 机械费</td><td></td></tr>
<tr><td rowspan="5">二</td><td colspan="2">措施费</td><td></td></tr>
<tr><td colspan="2">（一）施工技术措施费</td><td>措施技术工程量×综合单价</td></tr>
<tr><td rowspan="2">其中</td><td>3. 人工费</td><td></td></tr>
<tr><td>4. 机械费</td><td></td></tr>
<tr><td colspan="2">（二）施工组织措施费</td><td>（1+2+3+4）×相应费率</td></tr>
<tr><td>三</td><td colspan="2">其他项目清单费</td><td>按照清单计价要求</td></tr>
<tr><td>四</td><td colspan="2">规费</td><td>（一+二）×相应费率</td></tr>
<tr><td>五</td><td colspan="2">税金</td><td>（一+二+三+四）×相应费率</td></tr>
<tr><td>六</td><td colspan="2">会展工程造价</td><td>一+二+三+四+五</td></tr>
</table>

第二节　会展工程预算编制程序

会展工程预算编制应以业务部门为基础，并结合职能部门同时进行。概括起来就是上下结合、左右结合、最后汇总、平衡与调整，形成公司的工程项目预算。会展项目单位的预算汇总到公司后，由公司有关部门进行审核，发现问题，提出整改意见与措施，以求得公司预算总体的平衡。在调整中应与项目部门、职能部门协商，说明调整理由，以达成共识。经过几上几下的反复后，最终形成公司预算方案，并经公司办公会议或董事会批准后下发执行。

一、会展工程预算内容

业务部门以项目为基本预算单位，内容必须全面，包括所有的收入与开支项目。项目部门在研究预算过程中，应与公司职能部门协商，确定收入水平、广告、接待标准，并根据业务量确定在公共支出（如水电费用、通信费用、职能部门职工人头费与奖金等）中所占比例。实际编制时一般有以下方面的内容。

① 工作量统计：美工、文字、木工、装修工、电工、运输设备、采购员、施工员等。人工一般按120～200元/（人·天）（8小时计）。

② 场地费用，占总报价的15%～20%。

③ 广告宣传费用，占总报价的5%～10%。

④ 灯光、音响等。

⑤ 部分修改、返工等不可见费用。

⑥ 运输仓储费，占总报价的8%～10%。

⑦ 税费：展览一般按3.4%～6%。

⑧ 工程管理费：展览一般按10%。

⑨ 利润及说明。

⑩ 其他不可预见开支（交际费、交通费等）。

二、会展工程预算编制方法

可以根据不同的项目，采用不同的方法，如固定预算、概率预算等。前者是针对相对比较稳定的预算内容采用的方法，适用于老的项目或内容预算；后者是针对不确定性较大的项目或内容而采用的方法，主要适用于新的展览项目或难以准确预测的内容。概率预算建立在预估各种变化概率的基础上，根据可能出现的最大值和最小值计算其期望值，进而编制预算。

在编制预算时，认真调查所用原材料的价格，通过精确计算、初步估计所需数量。应留有一定的余地，以便单位领导能随机处理有关的事情，而又不涉及预算调整与修订。做会展工程预算一般有定额计价法和清单计价法两种方式。

1.定额计价方法步骤

①搜集各种编制依据资料→②熟悉施工图纸和定额→③计算工程量→④套定额，求出单位工程的直接工程费→⑤人材机调价→⑥取费。

2.工程量清单计价的步骤

①熟悉工程量清单→②研究招标文件→③熟悉施工图纸→④了解施工组织设计→⑤熟悉加工订货的有关情况→⑥明确主材和设备的来源情况→⑦计算工程量→⑧确定措施项目清单内容→⑨计算综合单价→⑩计算措施项目费、其他项目费、规费、税金等→⑪将分部分项工程项目费、措施项目费、其他项目费和规费、税金汇总、合并、计算出工程造价。

附录

会展工程报价项目参考

序号　项目	单价
一、背板（50mm）	
1. 单面直背板（贴防火板）	180.00 元/m^2
2. 单面直背板（刷涂料）	150.00 元/m^2
3. 双面直背板（贴防火板）	260.00 元/m^2
4. 双面直背板（刷涂料）	180.00 元/m^2
5. 单面弧背板（贴防火板）	180.00 元/m^2
6. 单面弧背板（刷涂料）	160.00 元/m^2
7. 双面弧背板（贴防火板）	300.00 元/m^2
8. 双面弧背板（刷涂料）	220.00 元/m^2
9. 单面直背板（贴防火板）	210.00 元/m^2
10. 单面直背板（刷涂料）	160.00 元/m^2
11. 双面直背板（贴防火板）	310.00 元/m^2
12. 双面直背板（刷涂料）	210.00 元/m^2
13. 单面弧背板（贴防火板）	210.00 元/m^2
14. 单面弧背板（刷涂料）	170.00 元/m^2
15. 双面弧背板（贴防火板）	350.00 元/m^2
16. 双面弧背板（刷涂料）	235.00 元/m^2
二、梁	
1.200mm 直梁（贴防火板）	140.00 元/延米
2.200mm 直梁（刷涂料）	100.00 元/延米
3.200mm 弧梁（贴防火板）	240.00 元/延米
4.200mm 弧梁（刷涂料）	160.00 元/延米
5.300mm 直梁（贴防火板）	180.00 元/延米
6.300mm 直梁（刷涂料）	140.00 元/延米
7.300mm 弧梁（贴防火板）	280.00 元/延米

8.300mm 弧梁（刷涂料）	200.00 元 / 延米
9.400mm 直梁（贴防火板）	220.00 元 / 延米
10.400mm 直梁（刷涂料）	180.00 元 / 延米
11.400mm 弧梁（贴防火板）	320.00 元 / 延米
12.400mm 弧梁（刷涂料）	260.00 元 / 延米
13.600mm 直梁（贴防火板）	350.00 元 / 延米
14.600mm 直梁（刷涂料）	260.00 元 / 延米
15.600mm 弧梁（贴防火板）	550.00 元 / 延米
16.600mm 弧梁（刷涂料）	380.00 元 / 延米
三、立柱	
1.50mm 直立柱（贴防火板）	40.00 元 / 延米
2.50mm 直立柱（刷涂料）	30.00 元 / 延米
3.100mm 直立柱（贴防火板）	80.00 元 / 延米
4.100mm 直立柱（刷涂料）	50.00 元 / 延米
5.200mm 直立柱（贴防火板）	120.00 元 / 延米
6.200mm 直立柱（刷涂料）	70.00 元 / 延米
7.300mm 直立柱（贴防火板）	160.00 元 / 延米
8.300mm 直立柱（刷涂料）	100.00 元 / 延米
9.400mm 直立柱（贴防火板）	200.00 元 / 延米
10.400mm 直立柱（刷涂料）	120.00 元 / 延米
11.500mm 直立柱（贴防火板）	240.00 元 / 延米
12.500mm 直立柱（刷涂料）	140.00 元 / 延米
13.600mm 直立柱（贴防火板）	280.00 元 / 延米
14.600mm 直立柱（刷涂料）	160.00 元 / 延米
备注：以此类推。	
四、金属架（包括制作、安装租赁）	
1. 方圆钢直架 200×200，300×300，400×400	120.00 ～ 160.00 元 / 延米
2. 方圆钢弧架 200×200，300×300，400×400	160.00 ～ 180.00 元 / 延米
3. 金属框架	80.00 元 /m^2
4.100mm 粗圆钢	80.00 元 / 延米
5.200mm 钢	12.00 元 / 延米
五、地毯（标准展毯，包括防护性地膜）	18.00 ～ 25.00 元 /m^2
圈绒毯	40.00 元 /m^2
六、美工（含制作、安装工费）	
1. 及时贴平面字（不干胶刻字）	90.00 元 /m^2
2. KT 板立体字（5mm 厚）	90.00 ～ 120.00 元 / 延米
3. 苯板立体字（30mm 厚）	100.00 ～ 150.00 元 / 延米
苯板立体字（50mm 厚）	150.00 ～ 180.00 元 / 延米
苯板立体字（100mm 厚）	200.00 ～ 220.00 元 / 延米
4. 裱磨砂贴（单面）	50.00 元 /m^2
裱磨砂贴（线条与图案）	80.00 元 /m^2
5. 裱不干胶	20.00 元 /m^2
6. PVC 条幅	80.00 元 /m^2

7.立体灯箱字（中文） 600.00元/m²

（英文） 500.00元/m²

七、闻讯台（常规尺寸：1200×450×1100）

长度1.2m之内（不带玻璃） 1000.00元/组

（带玻璃） 1200.00元/组

造型复杂的（如有发光、灯箱或银拉丝等） 1500.00元/组

八、喷绘（输出价格、设计费另收：简单图片扫描及文字排版，50.00/版；其他版式，150.00元/版）

高光相纸（720点） 50.00元/m²

高光相纸+覆膜 60.00元/m²

高光相纸+覆膜+背胶 65.00元/m²

高光相纸+覆膜+背胶+裱板加框（展板） 80.00元/m²

高光相纸+覆膜+挂轴 80.00元/m²

灯箱片喷绘 80.00元/m²

保丽布喷绘（图案750点） 45.00元/m²，面积大可按35.00元/m²算

灯箱布（内打灯1440点） 50.00元/m²，面积大可按40.00元/m²算

易拉宝（规格）：85cm×200cm 160.00元/套

120cm×200cm 220.00元/个

150cm×200cm 300.00元/个

X展架 70cm×160cm 100.00元/个

九、灯箱

1.户外灯箱（外打灯）（制作+安装+喷绘） 440.00元/m²（不包灯费）

2.灯箱（内打灯）（制作+安装+灯箱+灯） 750.00元/m²

十、不锈钢旗杆（一般12m高，制作+安装） 600.00元/延米

十一、窗帘

1.铁合金 100.00元/m²

2.布 80～140.00元/m²

3.实木 220.00元/m²

十二、阳光板（为市场购买价，制作与安装最后报价=板材价×1.7×2）

1.6mm厚（2100mm×5800mm） 85.00元/m²

2.8mm厚（2100mm×5800mm） 95.00元/m²

3.10mm厚（2100mm×5800mm） 105.00元/m²

4.16mm厚（2100mm×6000mm） 230.00元/m²

十三、有机板（为市场购买价，制作与安装最后报价=板材价×1.7×2）

1.1200mm×1830mm×1.0mm 20.00元/张

2.1200mm×1830mm×1.5mm 29.50元/张

3.1200mm×1830mm×1.8mm 34.00元/张

4.1200mm×1830mm×2.2mm 40.00元/张

5.1200mm×1830mm×2.5mm 55.00元/张

6.1200mm×1830mm×3.0mm 62.00元/张

7.1200mm×1830mm×5.0mm 108.00元/张

8.1200mm×1830mm×8.0mm 258.00元/张

9.1200mm×2400mm×3.0mm 85.00元/张

10.1200mm×2400mm×5.0mm　　152.00元/张
11.1200mm×2400mm×8.0mm　　358.00元/张
十四、铝塑板（为市场购买价，制作与安装最后报价=板材价×1.7×2）
1.1200mm×2400mm×3mm（单面）　　72.00元/张
2.1200mm×2400mm×3mm（可折90°角的优质板）　　120.00元/张
3.1200mm×2400mm×2.5mm（单面）　　75.00元/张
十五、拉丝板（1200mm×2400mm）　　400.00元/张
银拉丝板（1200mm×2400mm）　　460.00元/张
（为市场购买价，制作与安装最后报价=板材价×1.7×2）
十六、KT板（为市场购买价，制作与安装最后报价=板材价×1.7×2）
1.900mm×2400mm　　16.00元/张
2.1200mm×2400mm　　26.00元/张
十七、灯具租赁
1.长臂射灯　　20.00元/展期
2.太阳灯　　60.00元/展期
3.其他电料（电源插座及护电线）　　500.00元/展期
整体灯具租赁及线路安装费用报价　　1500.00元/展期
十八、其他
运输费　　200.00元/车　每个展期用2～4车
包装费　　400.00元/车
花插　　40.00元/盆
凤尾竹　　60.00元/盆
洽谈桌椅（租）　　200.00元/套
吧凳（租）　　60.00元/个
礼仪小姐　　300.00元/（人·天）
十九、立体雕刻字（不含安装，安装费200元起，报价=以下算出的价格×1.5+200安装费）
1. PVC字
0.5cm厚：5～25cm（字高度或宽度在此范围之间的，按字的最长边算）0.30元/cm
25～35cm　　0.50元/cm
35～45cm　　0.70元/cm
45～55cm　　1.00元/cm
55～65cm　　1.30元/cm
65～75cm　　1.70元/cm
75～85cm　　2.00元/cm
85～100cm　　2.40元/cm
1.0cm厚：5～25cm　　0.40元/cm
25～35cm　　0.60元/cm
35～45cm　　0.90元/cm
45～55cm　　1.20元/cm
55～65cm　　1.70元/cm
65～75cm　　2.00元/cm
75～85cm　　2.40元/cm
85～100cm　　2.80元/cm

1.5cm厚：5～25cm　　0.60元/cm
25～35cm　　0.90元/cm
35～45cm　　1.20元/cm
45～55cm　　1.50元/cm
55～65cm　　2.00元/cm
65～75cm　　2.70元/cm
75～85cm　　3.40元/cm
85～100cm　　4.00元/cm

2.0cm厚：5～25cm　　1.00元/cm
25～35cm　　1.40元/cm
35～45cm　　1.80元/cm
45～55cm　　2.30元/cm
55～65cm　　2.80元/cm
65～75cm　　3.30元/cm
75～85cm　　3.80元/cm
85～100cm　　4.20元/cm

2.有机板（亚克力）字

0.5cm厚：5～25cm　　0.70元/cm
25～35cm　　1.00元/cm
35～45cm　　1.30元/cm
45～55cm　　1.60元/cm
55～65cm　　1.90元/cm
65～75cm　　2.30元/cm
75～85cm　　2.70元/cm
85～100cm　　3.00元/cm

1.0cm厚：5～25cm　　1.00元/cm
25～35cm　　1.30元/cm
35～45cm　　1.60元/cm
45～55cm　　2.00元/cm
55～65cm　　2.40元/cm
65～75cm　　2.80元/cm
75～85cm　　3.20元/cm
85～100cm　　3.50元/cm

1.5cm厚：5～25cm　　1.50元/cm
25～35cm　　2.00元/cm
35～45cm　　2.50元/cm
45～55cm　　3.00元/cm
55～65cm　　3.50元/cm
65～75cm　　3.80元/cm
75～85cm　　4.10元/cm
85～100cm　　4.50元/cm

2.0cm厚：5～25cm　　1.80元/cm
25～35cm　　2.30元/cm

35～45cm	2.80元/cm
45～55cm	3.40元/cm
55～65cm	4.20元/cm
65～75cm	5.00元/cm
75～85cm	6.00元/cm
85～100cm	7.00元/cm

3. AM板字

1.0cm厚：	5～30cm	0.30元/cm
	30～60cm	0.60元/cm
	60～80cm	0.90元/cm
	80～120cm	1.20元/cm
1.5cm厚：	5～30cm	0.40元/cm
	30～60cm	0.80元/cm
	60～80cm	1.50元/cm
	80～120cm	2.00元/cm
2.0cm厚：	5～30cm	0.80元/cm
	30～60cm	1.20元/cm
	60～80cm	1.50元/cm
	80～120cm	2.50元/cm
3.0cm厚：	5～30cm	1.00元/cm
	30～60cm	1.50元/cm
	60～80cm	3.00元/cm
	80～120cm	4.00元/cm

4. 三维雕刻	0.05元/m^2起
5. 丝网印刷	0.005元/m^2起
6. 铜牌、不锈钢牌、铝牌	0.05元/m^2起
7. 铜字、不锈钢字	130.00元/m^2起
8. 条幅	7.00元/m（宽70cm）起

参考文献

[1] 徐力编著 . 展示工程设计 . 上海 ：上海人民美术出版社，2006.
[2] 符芳主编 . 建筑装饰材料 . 南京 ：东南大学出版社，1994.
[3] 李远等著 . 展示设计与材料 . 北京 ：中国轻工业出版社，2007.
[4] 李远主编 . 展示设计 . 北京 ：中国电力出版社，2009.
[5] 王勇编著 . 室内装饰材料与应用 . 北京 ：中国电力出版社，2007.
[6] 中国展览 /www.cexpo.cn.